国家林业和草原局科学普及项目

遇见最美古诗词

草木繁华，恰似伊人凝妆

白志勇　胡君　陈俊廷 编著

赵纪然 绘制

中国林业出版社
China Forestry Publishing House

图书在版编目（CIP）数据

遇见最美古诗词：草木繁华，恰似伊人凝妆 / 白志勇，胡君，陈俊廷编著；
赵纪然绘制 . -- 北京：中国林业出版社，2021.1

ISBN 978-7-5219-0878-7

Ⅰ . ①遇… Ⅱ . ①白… ②胡… ③陈… ④赵… Ⅲ . ①花卉－普及读物
②古典诗歌－诗歌欣赏－中国 Ⅳ . ① Q944.59-49 ② I207.2

中国版本图书馆 CIP 数据核字 (2020) 第 208941 号

策划编辑：肖　静
责任编辑：何游云　邹　爱　肖　静
出版发行：中国林业出版社
（100009 北京西城区刘海胡同 7 号）
http://www.forestry.gov.cn/lycb.html
电　　话：010-83143577
印　　刷：北京雅昌艺术印刷有限公司
版　　次：2021 年 1 月第 1 版
印　　次：2021 年 1 月第 1 次
开　　本：710mm × 1000mm 1/16
印　　张：12.5
字　　数：100 千字
定　　价：58.00 元

举个例子

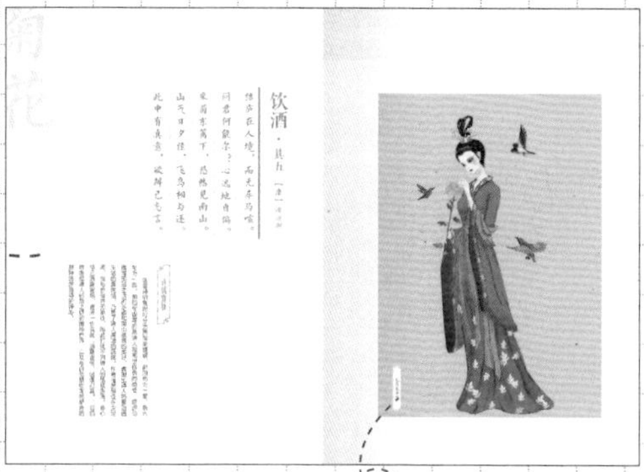

诗词、赏析和画**齐全**

农历花期

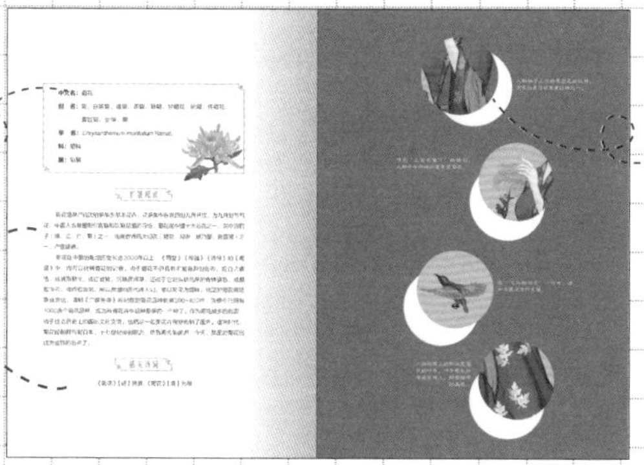

植物名片

扩展阅读

相关诗词

创作灵感

记录一些**心得**，
一些理念、想法的归纳和总结

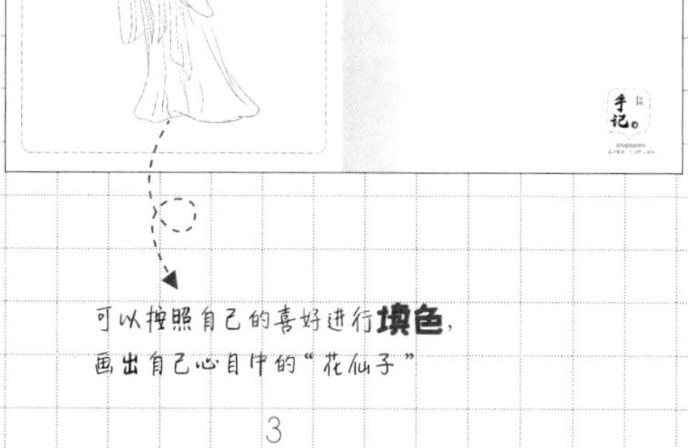

可以按照自己的喜好进行**填色**，
画出自己心目中的“花仙子”

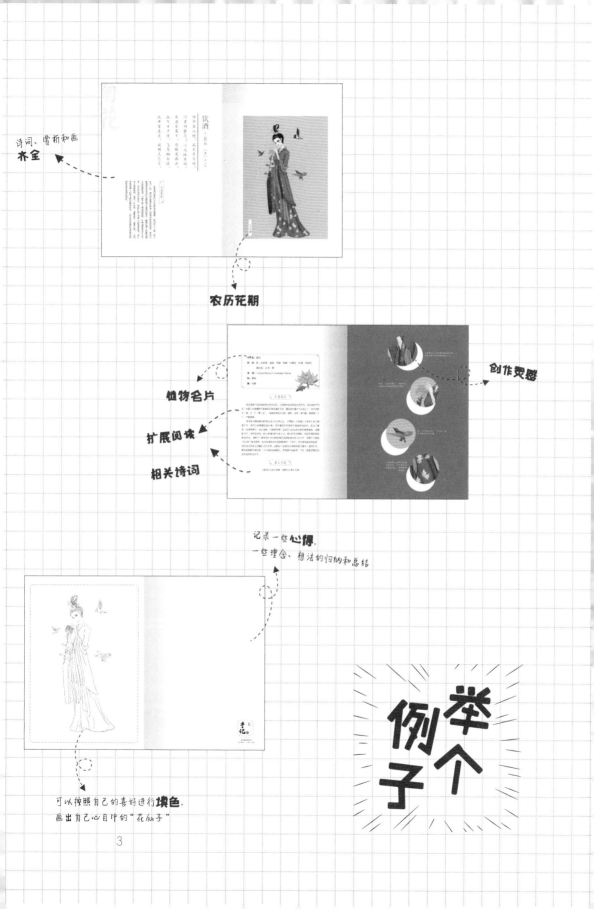

序一

如果花卉是人，那么她会长成什么样呢？活在诗人笔下的花卉又会是怎样的形象呢？

不妨翻开这本书看能否得到你想要的答案。

花卉植物拟人插画，拟的是人，画的是魂。

假如你对拟人插画特别感兴趣，那这就是你的必读物了，它会在设计灵感处告诉你作者是如何将“字”转化成“画”、将“花”转化成“人”的，定会让你豁然开朗。而如果碰巧你还是一位古典诗词的爱好者，那这本书你就更不能错过了。书中30种花卉植物都配有一首与之相关的诗词，每首诗词都有赏析，方便你透彻理解诗词内涵。

细细欣赏《遇见最美古诗词：草木繁华，恰似伊人凝妆》，你会发现该书融合了插画的设计感以及科普知识的严谨性。每一种植物都有“植物名片”来介绍其中文名、别名、学名以及所属科和属，“扩展阅读”则科学地介绍了这种植物的生物学知识及相关的历史、文化，帮助你更深、更广地认识花卉植物，获得花卉植物背后的知识。

这30种花卉植物许多都是大家耳熟能详的，甚至与大家朝夕相伴，喜欢植物的读者和喜欢插画的读者，看完一定会有更多新的体会，心中也会有许多新的观点与收获，不妨用彩笔在“涂色页”为这些“伊人”涂上自己认为最美的颜色，也可以利用“手记页”将任何自己想表达的内容创作出来。

欣赏着精美的插画，品味着古典诗词，岂不乐哉？仿佛身临其境，透过诗人的笔尖就能看到活了的花卉美人正向你招手。

黄心渊 教授

中国传媒大学动画与数字艺术学院院长

2020年11月3日

序二

当我刚读到肖静博士转给我的《遇见最美古诗词：草木繁华，恰似伊人凝妆》书稿时，就被这本有诗有词有文化、科学艺术绽芳华的科普著作深深吸引住了。这本由白志勇、胡君、陈俊廷编著，赵纪然绘制的彩色插图科普书，在我读到的科普著作里，别具特色，让人感觉眼前一亮、爱不释手。

科普创作的目的之一就是通过作者强大的“翻译”能力，将繁杂的科学知识体系和深奥的科学道理，用普通人、行外人、各色成年人甚至未成年人运用最基本的阅读能力就能读懂的大众化语言表述出来，形成科学性和可读性兼顾的读物。而在信息爆炸、传播渠道多样化的今天，如何吸引读者的注意力，还不得不考虑趣味性问题。如何让读物更有趣味呢？引人入胜的书名、篇章的布局、案例的引用、故事情节的循循善诱以及视觉上的美都可以增加读物的趣味性。

这本书视觉上的美，如同其策划思路上的美，是其最大特色。每一幅手绘彩画里千姿百态、裙裾飘飘的女子，清新脱俗、纯真美丽，是无声的花语。中国古代诗词的美，在画中女子的举手投足间得到绽放。而科学知识的普及，又借助于扩展阅读部分得以准确地表达。更难能可贵的是，作者还想到了通过涂色及手记部分，诱发读者对艺术及科学的热爱，做到心、眼、口、手联动起来，丰富和强化了学习过程的主动性和参与性。试想，欣赏着精美插画，品味着古典诗词，领悟着植物奥秘，把自己感悟感想填上去、写下来，把读书的当下和古人的意境联动起来，把自然世界客观存在的美和艺术世界意志创造的美结合，难道不是科学、艺术、文化的绝美结合？

据作者介绍，本书创作初衷是让读者对身边花卉产生兴趣，旨在激发读者对植物产生兴趣的同时，还能了解中国的古典诗词，帮助他们透过这样的窗口看到一株植物在古代人心中的活化，激发出读者写诗赞美植物的欲望和灵感，从而自发地保护它们。我想，作者的初衷已经完全达到。

所以，这是一本值得向所有热爱自然万物、热爱传统文化、热爱探索奥秘、热爱艺术自由的读书人推荐的好书！

是为序。

唐建军 博士
中国生态学学会科普工作委员会常务副主任
全国生态文明教育科学传播首席专家
庚子初冬于西子湖畔

前言

《遇见最美古诗词：草木繁华，恰似伊人凝妆》的创作初衷是让读者对身边花卉产生兴趣的同时还能了解中国的古典诗词，帮助他们透过这样的窗口看到一株株植物在古代人心中的活化，或许还能激发出读者写诗赞美植物的欲望和灵感，从而自发地保护它们。

本书针对读者的阅读习惯和喜好进行了特殊设计，书中搭配的植物拟人插画具有强烈的艺术吸引力，让读者一眼就联想到现实植物并记住它，甚至当下次在现实生活中遇见它时想到的不是采摘，而是保护这样一个美丽而脆弱的生命。

依据中国十大香花、十二花客、十二花友、十二花师、十大传统名花的入选花卉植物名单，本书最终优化选取了30种，在书中用四个季节篇章进行分类展示，意在说明中国花卉植物四季常有、古韵芳泽。

希望通过每种植物尾篇的涂色及手记部分，培养读者对艺术的热爱，做到真正的“寓教于乐，寓学于乐”，手眼结合动起来，为读者保留一方空间来发挥自己的想象力，也许在读者眼里一朵花的颜色会是五彩缤纷的呢！

同时，在本书封底有专门设计的赏析小程序，通过二维码扫描即可查看本书所有内容的电子资源，具备完整的收藏点赞功能，也可以在线留言指出本书存在的问题、给出完善建议、留下您宝贵的反馈信息。

书中对植物的介绍分为三个方面，一是与植物相关的诗词及其赏析，由北京林业大学白志勇副教授负责；二是植物拟人插画及其创作灵感，由北京林业大学研究生赵纪然完成；三是植物生物学知识及相关历史、文化的扩展阅读以及与该植物相关的其他诗词，由中国科学院成都生物研究所胡君博士以及四川大学生命科学学院植物学研究生刘力嘉共同完成。学生作者陈俊廷在了解读者需求的基础上对本书整体结构给出了优化建议。

感谢国家林业和草原局科学技术司为本书的创作与出版提供资金支持，感谢中国传媒大学动画与数字艺术学院院长黄心渊教授和中国生态学学会科普工作委员会常务副主任唐建军教授为本书作序，感谢中国生态学学会常务理事、厦门大学环境与生态学院教授李振基为本书提供植物知识科学指导，感谢中国林业出版社为本书的出版提供了热情帮助，感谢中国林业出版社的编辑老师们不遗余力的倾心相助，感谢在本书成书过程中提供建议与帮助的专家学者！

编著者

2020年9月20日

目录

春

夏

秋

冬

迎春花
春兰
玉兰

春

一年之始也，万物更新矣。
庭有梅兰，园有桃杏。
瑞香始迎春，玉兰后纷纷，丁香初开海棠明。
杜鹃开到荼蘼去，芍药牡丹各倾城。

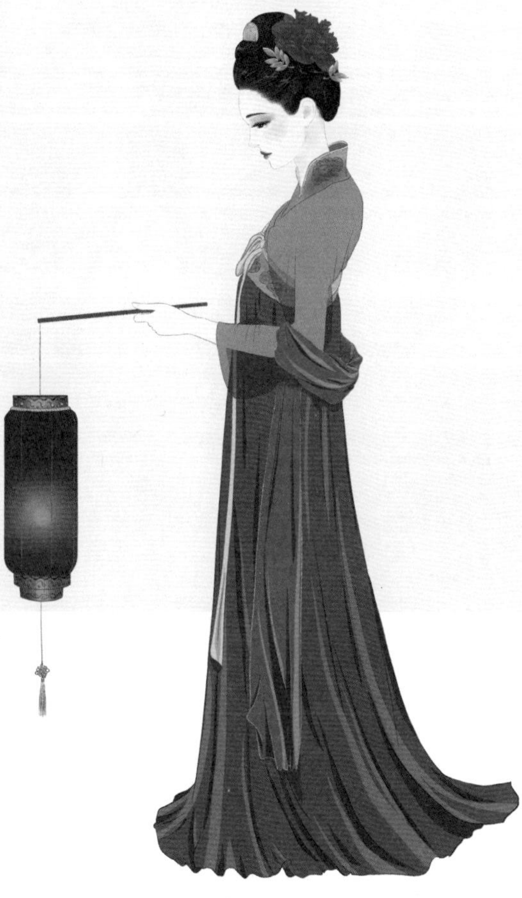

正月至二月

浣溪沙·游蕲水清泉寺，寺临兰溪，溪水西流

【宋】苏轼

山下兰芽短浸溪，松间沙路净无泥，萧萧暮雨子规啼。

谁道人生无再少？门前流水尚能西！休将白发唱黄鸡。

诗词赏析

此词描写的是南方初春时的景象，作者虽身处贬谪的境地但精神依旧积极向上，洋溢着乐观的人生态度。该词的上阕描写暮春三月山谷的幽美风光，下阕是作者抒发感慨，探讨人生感悟，启人心智。全词意思如下：山脚下的小溪流水潺潺，岸边的兰草刚刚萌生出娇嫩的幼芽。松林间的沙石路仿佛经过清泉冲刷一般，洁净无泥。傍晚时分，在细雨朦朦中传来了寺外杜鹃的啼叫声，谁说人老了就不会再回到年少时光呢？你看，这门前的流水尚能向西奔流呢！所以，不要在年老时感叹时光流逝。

中文名：春兰

别　名：山兰、朵朵香、兰草、独子兰、朵朵兰、扑地兰、小兰、幽兰

学　名：*Cymbidium goeringii* (Rchb. f.) Rchb. f.

科：兰科

属：兰属

扩展阅读

兰花，现在通常可以指所有的兰科植物，但在中国传统名花中的兰花却仅指兰属植物中供栽培、把玩、欣赏的若干种地生兰，如春兰、惠兰、建兰、墨兰和寒兰等，即通常所说的“国兰”， 以春兰为代表。国兰久经栽培和选育，培育品种也甚多，是盆栽花卉中品种最为丰富的种类。

兰花的香气，清而不浊，一盆在室，芳香四溢。兰花的花姿有的端庄隽秀，有的雍容华贵，富于变化。兰花的叶终年鲜绿，刚柔兼备，姿态优美，即使不是花期，也像是一件活的艺术品。以春兰为代表的国兰一类兰花与草木为伍，生于深山之中，冬春之交开花，不畏霜雪欺凌，不与群芳争艳，没有醒目的艳态，没有硕大的花、叶，却具有质朴文静、淡雅高洁的气质，很符合讲究君子之道的国人审美标准，被人们当作高洁、典雅的象征，与梅、竹、菊一起被称为“四君子”。尤其自宋以来中国人民爱兰、养兰、咏兰、画兰，留下非常多的佳作。

相关诗词

《兰花二首 · 其一》【宋】易士达、《幽兰花》【宋】苏辙、
《咏兰》【元】余同麓、《题画兰》【清】郑燮

兰花早已融入中国传统文化中，并占有重要位置，因此人物设计上会融合古代文人的气质。

兰花本身十分典雅，因此在服装上也无任何雕饰。

梅花

【宋】王安石

墙角数枝梅，凌寒独自开。
遥知不是雪，为有暗香来。

诗词赏析

这是北宋诗人王安石创作的一首五言绝句。此诗前两句写墙角梅花不惧严寒，傲然独放；后两句写梅花的幽香，以梅拟人。此诗用来比喻那些品格高贵的人。花香沁人，象征其才华横溢，亦是以梅花的坚强和高洁品格喻示那些像诗人一样，处于艰难环境中依然能坚持操守、主张正义的人。全诗意思如下：那墙角的几枝梅花，冒着严寒独自盛开。为什么远远望去就知道洁白的梅花不是雪呢？因为梅花有阵阵的香气隐隐传来。整首诗语言朴素，写得则非常平实内敛，却自有深致，耐人寻味。

中文名：梅

别　名：酸梅、黄仔、合汉梅、白梅花、绿萼梅、绿梅花

学　名：*Armeniaca mume* Sieb.

科：蔷薇科

属：杏属

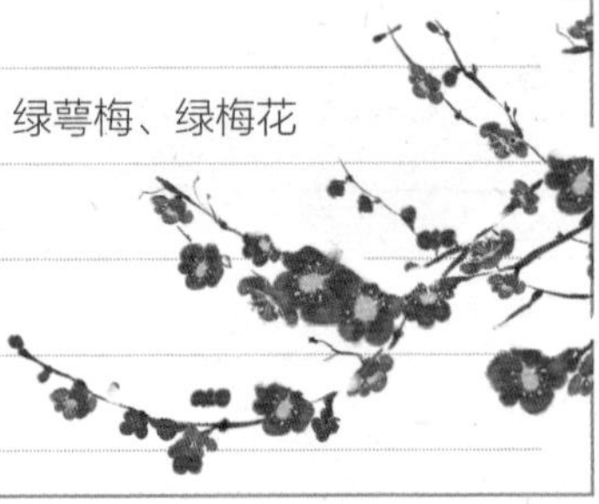

扩展阅读

梅花是原产中国南方的著名花卉，在我国已有3000多年的栽培历史。梅的变种和品种极多，可分花梅及果梅两类。花梅主要供观赏，果梅主要用于果肉加工或药用，一般加工制成各种蜜饯和果酱。宋朝张功甫撰写的《梅品》，专门介绍如何欣赏梅花。

梅花是“中国十大名花”之首，与兰花、竹子、菊花一起被列为“四君子”。梅花是落叶灌木或小乔木，每年多在冬去春来时节开始开花，与松、竹并称为“岁寒三友”。梅花花色多样，有紫红、粉红、淡黄、淡墨、纯白等；香味别具神韵、清逸幽雅；树皮漆黑而多糙纹，其枝虬曲苍劲嶙峋、风韵洒落，有一种饱经沧桑、威武不屈的阳刚之美。

梅花象征着坚韧不拔、不屈不挠、奋勇当先、自强不息的精神品质。迎雪吐艳、凌寒飘香、铁骨冰心的崇高品质和坚贞气节留存在诗、词、画等文学作品之中，鼓励了一代又一代中国人不畏艰险、奋勇开拓，创造出了灿烂优秀的中华文明。

相关诗词

《忆梅》【唐】李商隐、《梅花》【唐】蒋维翰、《雪梅二首》【宋】卢梅坡、《卜算子·咏梅》【现代】毛泽东

梅花被雪覆盖依然怒放着，白雪和红梅相互映衬。

梅花为暗香，因此人物闭上眼睛细细品味这梅花的香气。

梅花是先花后叶，因此鞋子设计为绿色，意喻“在末端”“在后面”。

手记 | 公元

瑞香

西江月·真觉赏瑞香二首

【宋】苏轼

公子眼花乱发，老夫鼻观先通。
领巾飘下瑞香风。惊起谪仙春梦。
后土祠中玉蕊，蓬莱殿后鞓红。
此花清绝更纤秾。把酒何人心动。

诗词赏析

这是一首歌咏瑞香花的词，词中描写了瑞香的芳香与艳丽。全词意思如下：我和友人曹子方宿于真觉寺中，子方还在沉睡尚未苏醒，睡眼惺忪，头发凌乱，他并不知道瑞香开花了，倒是我先闻见了一阵花香袭人。微风吹来，风把瑞香花浓烈的香气也一并带来了，这股浓郁的香气仿佛是当年杨贵妃领巾上飘来的。这花香实在浓烈，竟把酣睡的子方也从梦中惊醒了。瑞香花香色丽，甚至可以与扬州后土祠中的玉蕊花和汴京蓬莱殿后鞓红的牡丹花相媲美了。这瑞香花既清雅绝伦又纤柔浓丽。对花饮酒，看着瑞香这秀美的姿态，闻着瑞香浓烈的花香，哪个人还能不为之心动呢？词的最后，作者将花过渡到人，暗指作者自己和友人子方的才华像瑞香一般绝非凡品，俟时乃出。全词渲染烘托、层层递进，最后繁花落尽得见真谛，令人感触颇深。

正月至二月

中文名：瑞香

别　名：睡香、对雪开、雪冻花、夺香花、红瑞香、山棉皮、铁牛皮

学　名：*Daphne odora* Thunb.

科：瑞香科

属：瑞香属

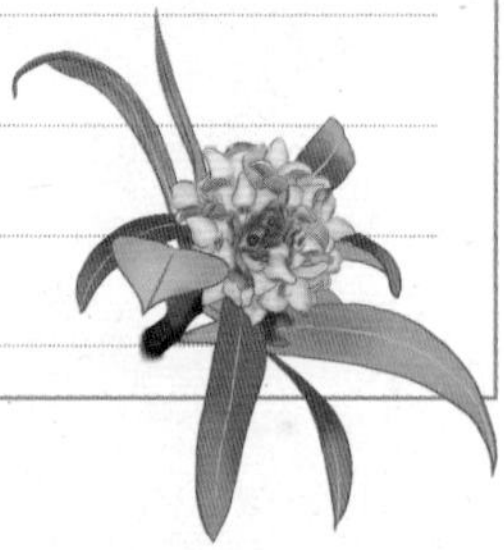

扩展阅读

瑞香为原产中国长江流域以南地区的瑞香科常绿灌木花卉。传说庐山有位僧人，昼寝于磐石之上，睡梦中被浓香熏醒，后寻到山林中散发香味的花株，并将其命名为“睡香”。后人根据它在严寒的春节前后盛开的物候，祈祷来年风调雨顺、祥云瑞气，便改称“瑞香”。因此花经常开在冰雪天气，又称“对雪开”或“雪冻花”。此时正值其他花卉消歇之际，瑞香的香味浓厚，混合各种香花味道，似乎是夺取了其他花香一般，又被人称为“夺香花”。瑞香花数朵组成花序聚集在枝条顶端，花外面淡紫红色，人们称它“红瑞香”。瑞香皮纤维韧性较好，可用来造纸，又被称为“山棉皮”或“铁牛皮”。

瑞香为中国传统名花，名列“花中十二友”和“花中十二客”，其树姿潇洒、四季常绿，颇受人们的喜爱，被誉为“上品花卉”，多配植于建筑物、假山及岩石的阴面，林地、树丛的前缘，也用于盆栽观赏。

相关诗词

《瑞香花》【宋】范成大、《借邻家瑞香》【宋】钱时、

《到梅山弟家见瑞香盛开醉书》【宋】陈著、《瑞香》【宋】潘牥、

《种瑞香》【宋】方岳

人物手中托着一颗尚未开花的瑞香花枝。

衣服上装点着瑞香盛开时花瓣的样子。

背景是一丛盛开的瑞香花。

手记。
公元

玩迎春花赠杨郎中

【唐】白居易

金英翠萼带春寒，黄色花中有几般。
凭君与向游人道，莫作蔓菁花眼看。

诗词赏析

这是一首赏花赠友之作。作者非常喜欢迎春花，赞叹迎春花具有不畏严寒，乍暖还寒时候竞相开放的优秀品质。全诗意思如下：如黄金般灿烂的黄花搭配如玉般翠绿的枝条就好像一条金色的带子，这条金色的带子在风中摇曳着，似乎可以扫走初春的寒冷。在黄色的花中有几个能够像迎春花这样不畏寒威，开得如此灿烂耀眼的呢？我将迎春花赠予杨郎中，希望通过杨郎中提醒人们，不要把迎春花当作蔓菁这样的凡花看待，目光一扫而过，不认真地品评与欣赏。

作者这是以迎春花自喻，用花明志，向世人阐释自己是一个有气节、有风骨的君子，不是趋炎附势、软弱不堪之徒。

二月至四月

中文名：迎春花

别　名：迎春藤、金腰带、金梅花、金美莲、迎春柳

学　名：*Jasminum nudiflorum* Lindl.

科：木犀科

属：素馨属

扩展阅读

迎春花，顾名思义，以在众花之中开得最早，花后即迎来百花齐放的春天而得名。

迎春花是落叶灌木，通常生长成藤本状，也称“迎春藤”。春季来临时，迎春花在叶片生长开展之前先吐露芬芳，枝条披垂，缀满星星点点嫩黄色的花朵，在寒气尚未退却的春风里摇曳，像金色的腰带，又似金黄色的梅花，是故在民间又被称为“金腰带”和“金梅花”。习惯上，人们把花瓣平圆，似老虎蹄印的迎春花称“虎蹄迎春”；把花瓣稍长，略有卷曲，近似龙爪的迎春花称“龙爪迎春”。

迎春花不仅花色端庄秀丽、气质非凡，还具有不畏寒威、不择风土、适应性强的特点，历来为人们所喜爱。早在1000多年前，迎春花便被唐朝诗人写入诗文之中。迎春花恰好开在冬去春来的节气交接间隙，所以节气花中的“二月花”便成了迎春花。由于其花开时气温仍然较低，大地刚开始回暖，古人把它与梅花、水仙和山茶花统称为“雪中四友”。

相关诗词

《迎春花二首》【宋】刘敞、《迎春花》【宋】韩琦

人物形象的配色按照迎春花的固有色搭配，长裙为嫩黄色，象征着花瓣。

人物上衣的橘黄色取自迎春花的花蕊颜色，披帛颜色取自叶子颜色。

人物头顶装饰着一枝迎春花。

手记。

公元

二月至三月

江畔独步寻花·其五

【唐】杜甫

黄师塔前江水东，春光懒困倚微风。
桃花一簇开无主，可爱深红爱浅红。

诗词赏析

『安史之乱』结束后，杜甫回到成都，过上了安定的生活。春暖花开的时节，他独自沿着江畔散步，眼前是无边的美景，心中充满欣慰与喜悦，情难自禁，一连作诗七首，本诗是其中一首七言绝句。全诗意思如下：诗人来到黄师塔前看花，塔前的江水向东流去，塔的静止和水的流动好似一幅画卷在眼前缓缓展开。这温暖的春天使人感到困倦，诗人倚着和煦的春风踱步前行。一株株桃花开得正盛，像是无人经管。你究竟是喜欢深红色的桃花还是更爱浅红色的桃花呢？最后一句表现了诗人爱花及赏花时的喜悦之情。

中文名：桃

别　名：毛桃、白桃、狗屎桃、桃树、桃子、普通桃、野桃

学　名：*Amygdalus persica* L.

科：蔷薇科

属：桃属

扩展阅读

桃是原产中国中部、北部地区的一种落叶乔木，根据用途一般可以分为两大类，用于采摘果实的桃为果桃，用于观赏花的桃为花桃。在我国4000年前便开始栽培利用的桃，最开始是作为果桃的。但大多数地区不论果桃还是花桃，集中在每年农历三月春季到来之时满树盛开粉色的桃花，所以是节气花中的“三月花”。

中国人的桃花情结历史悠久，早在先秦的《诗经》中就有一首“桃之夭夭，灼灼其华”的“桃花”诗，并首创了用桃花比喻年轻美貌的女子，自此之后，文人墨客们争相抒写桃花，留下众多脍炙人口的篇章。除了桃花美丽外，桃树的果实也甜美，桃叶、种仁还可作药用，甚至树干分泌的桃胶也可供食用和药用。所以，桃也在民间留下厚重的民俗文化烙印。比如，桃是神仙吃的果实，称为“仙桃”“蟠桃”，吃了头等大桃，可“与天地同寿，与日月同庚”。正因如此，年画上的老寿星手里捧的则为寿桃。不但桃有仙缘，连桃木都有神灵，早在先秦时代的古籍中，就有桃木能避邪的记载，一切妖魔鬼怪见了都逃之夭夭。桃树可以种于房前屋后，容易播种嫁接，栽培极广，人们又用其义称学生多为“桃李满天下”。

相关诗词

《桃花》【唐】元稹、《桃花》【唐】吴融、《桃花》【宋】詹初、
《六州歌头 · 桃花》【宋】韩元吉

树上一朵朵深浅相间的桃花开满枝丫。

人物半眯着眼靠着树的状态正如诗中所写的“春光懒困倚微风”。

人物将手探向桃花也能表现出爱花、惜花之情。

手记

公元

咏玉兰

【明】文徵明

绰约新妆玉有辉，素娥千队雪成围。
我知姑射真仙子，天遗霓裳试羽衣。
影落空阶初月冷，香生别院晚风微。
玉环飞燕元相敌，笑比江梅不恨肥。

诗词赏析

这是一首七言律诗。作者用词华美，从颜色、形态、气味等多个方面赞美玉兰花。全诗意思如下：绰约多姿的玉兰花像刚刚上完妆一般焕发着美玉的光辉，从远处观赏玉兰花，满枝丫的花朵好似数不清的美人穿着白衣一般，围在一起轻盈起舞。我想玉兰花一定是来自姑射山的仙子，上天才会赐予这衣袂飘飘的霓裳羽衣。夜晚，朦胧的新月光辉将婆娑的花影映照于台阶之上，微风拂动，这满院都是玉兰花的芬芳气息。花朵集『环肥燕瘦』于一身，也只有杨玉环和赵飞燕两位美人才可与之匹敌，如果拿江南早春消瘦的梅花相比，玉兰花的丰盈更胜一筹。本诗多以『霓裳羽衣舞』来勾勒出花朵摇曳的姿态。

中文名：玉兰

别　名：木兰、白玉兰、望春花

学　名：*Yulania denudata* (Desr.) D. L. Fu

科：木兰科

属：玉兰属

扩展阅读

玉兰是木兰科的落叶乔木花卉，因花瓣白里透红，似美玉一般，花具兰花的香味而称“玉兰”，也称“木兰”或“白玉兰”。因其常在孟春时节开放，玉兰又名“望春花”。玉兰树一般较为高大挺拔，花开时叶芽还未发育，只有满树洁白硕大的花朵单生于枝顶。而等花开之后，逐渐开始展叶，绿树成荫。果实发育成熟，在夏秋季节挂在绿荫之中时，很多人不能将其与春天绽放的玉兰相联系。

玉兰原产我国中部各地，现北京及黄河流域以南均有栽培。古时多在亭、台、楼、阁前栽植。现多见于园林、厂矿中孤植、散植，或于道路两侧作行道树。北方也有作树桩盆景栽植。在庐山、黄山、峨眉山、婺源等处尚有野生。

玉兰的气质非常高绝，每年冬去春来，万物未醒，玉兰一树硕大芳香的花朵便显得绚烂繁华，让人的心中充满喜悦和希望。另外，其花期短暂，又显露出一往无前的孤寒气和决绝的孤勇，优雅而款款大方。

玉兰花的花瓣肉质较厚，具特有清香，可供食用，花中含有的挥发油还具有一定的药用价值。

相关诗词

《玉兰》【明】睦石、《题玉兰》【明】沈周

人物像仙子一般飞在空中追随着玉兰花瓣的方向。如诗中所描写，玉兰花如同仙子一般在翩翩起舞。

人物腰间的腰封和长带为绿色，象征着玉兰花的萼片。

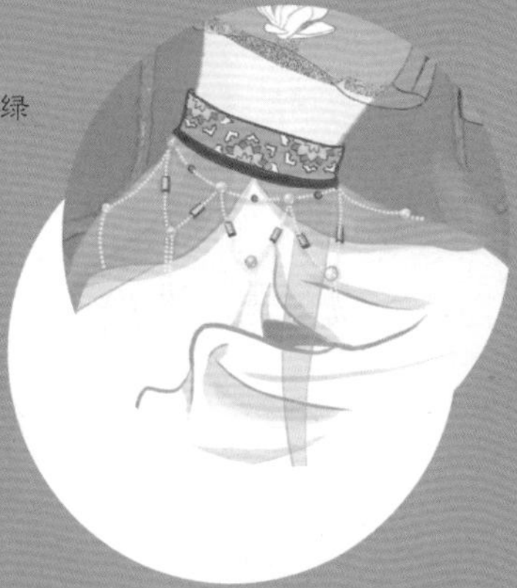

诗中提及“霓裳羽衣”，因此人物动作姿态也参考了霓裳羽衣舞的舞姿。

手记。|公元

遇见最美古诗词：
草木繁华，恰似伊人凝妆

北陂杏花

【宋】王安石

一陂春水绕花身，花影妖娆各占春。
纵被春风吹作雪，绝胜南陌碾成尘。

诗词赏析

该首绝句是作者被贬居江宁之后写的，是他晚年心境的写照。首联与颔联是写景状物，描绘杏花临水照影的姿态。颔联从花和影两个方面凸显杏花绰约多姿。颈联和尾联议论抒情，托物言志，褒奖北陂杏花的高尚品德，就如诗人自己一般不任人亵玩，刚强正直。全诗意思如下：满塘的春水环绕着杏花，朵朵杏花竞相开放，满池的花影相映成趣，一片春色满园。洁白的花瓣即使被无情的东风吹落，像雪花一样落入水中，也胜过南面路边那落在地上、任人践踏的杏花。全诗跌宕有致，富于曲折变化，将自己高洁的品格注入其中。

中文名： 杏

别　名： 杏树、杏子、家杏、苦杏仁、普通杏、水晶杏、新疆野杏、野杏

学　名： *Armeniaca vulgaris* Lam.

科： 蔷薇科

属： 杏属

扩展阅读

杏是原产于我国新疆以及中亚一带的乔木植物，在先秦的《管子》中最早见记载，距今已经2000年以上。杏花开花时节在春季，与桃花、樱花、李花、梨花的季节相重叠。由于亲缘关系较近，形态相似，识别桃、李、樱、杏、梨是大家每年春天重复开展的一项重要活动。

盛开时的杏花，艳态娇姿，繁花丽色，胭脂万点，占尽春风。在很长一段时间里，杏花在文学作品里都多用作描述仲春的春光无限，情趣盎然。即使指代美貌女子，杏花也比粉色的桃花表现得更为含蓄，不过在宋代诗人叶绍翁的一句“一枝红杏出墙来”之后，逐渐变成了指代风情的女子。

杏花似乎没有专门观花的品种分类，均是集观花和品果于一树的，在果木生产和城市美化上都处重要地位。杏树春天开花，夏品果，果实酸涩，但杏仁却能入药治病，所以，有时也用以歌颂医者的道德高尚和技艺高超。

相关诗词

《绝句 · 古木阴中系短篷》【宋】志南、《杏花》【唐】温庭筠

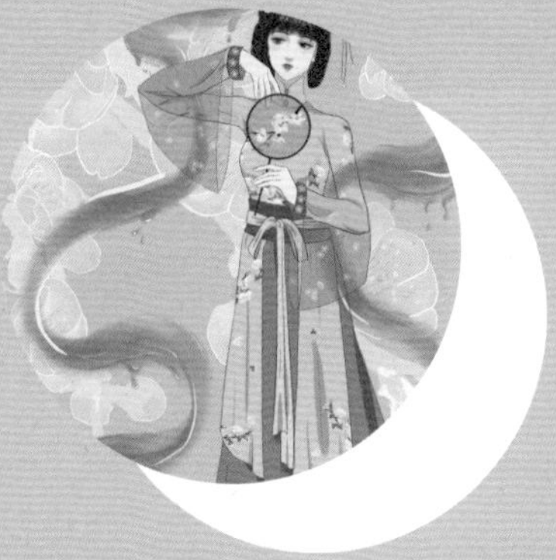

如诗中所写“一陂春水绕花身”，将披帛设计为水飘带环绕在人物身旁，与诗呼应。

人物手中的团扇上绘制的是精致的杏花。

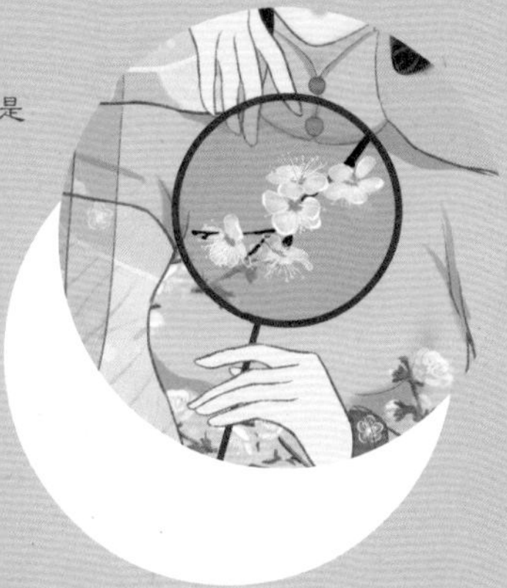

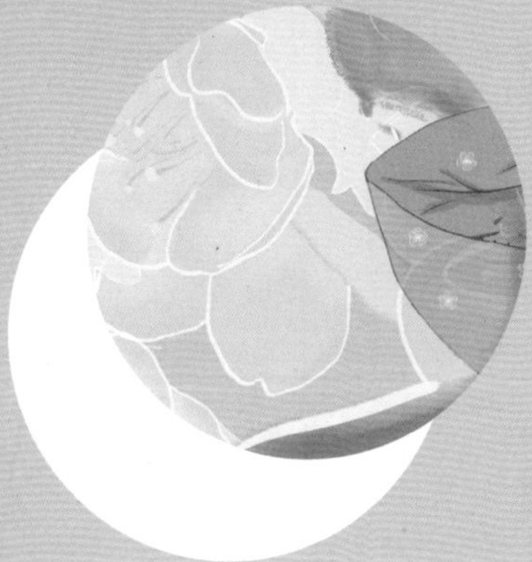

背景是以杏花花枝作为主体。

人物服饰及发饰也是以杏花作为装饰花样。

手记

海棠

【宋】苏轼

东风袅袅泛崇光，香雾空蒙月转廊。
只恐夜深花睡去，故烧高烛照红妆。

诗词赏析

该首绝句作于作者被贬黄州期间。开篇作者就直抒胸臆，为读者营造了非常高远的意境。那袅袅的春风拂动着淡淡的云彩，月亮露出来了，月色也是淡淡的。海棠花的香气融合在朦胧的雾里，而此时月光已经移到了园中的回廊上。读到此时，读者会有一种身临其境之感。后两句作者刻画得更为传神与深刻，释义如下：对于我来说，由于只是害怕夜深人静海棠花独自盛放无人欣赏，而特意燃起这红烛来照亮海棠花的姿容，不肯错过花开时分。整首诗没有直接描写海棠花，而是从花香以及诗人的喜爱来侧面描写。全诗语言浅近而情意深永。诗人虽遭贬谪却没有给人以颓唐、萎靡之气。从该诗的意象中可以感受到诗人豁达、潇洒的胸襟。

三月至四月

中文名：海棠花

别　名：海红、海棠梨、花海棠、秋花海棠、小海棠、小苹果

学　名：*Malus spectabilis* (Ait.) Borkh.

科：蔷薇科

属：苹果属

扩展阅读

海棠是植物学上苹果属和木瓜属几种植物的通称与俗称，常见的有西府海棠、垂丝海棠、木瓜海棠、贴梗海棠、湖北海棠和海棠，其中前四种习称“海棠四品”，是重要的温带观花树木。

海棠花第一次出现在中国源远流长的历史文化中时，记载的并不是它的美貌，而是食用价值。《诗经·卫风·木瓜》有诗曰“投我以木瓜，报之以琼琚。匪报也，永以为好也！投我以木桃，报之以琼瑶。匪报也，永以为好也！投我以木李，报之以琼玖。匪报也，永以为好也！”诗中的“木瓜”“木桃”“木李”全都是属于海棠类的植物，它们在古时候常常被作为送给亲朋好友的礼品。

海棠花姿潇洒，花开似锦，自古以来是雅俗共赏的名花，素有“花中神仙”“花贵妃”“花尊贵”之称，甚至有“国艳”之誉，栽在皇家园林中常与玉兰、牡丹、桂花相配植，形成“玉棠富贵”的意境。历代文人多有脍炙人口的诗句赞赏海棠。不过，由于多数种类的海棠没有典型的花香，鉴赏时少了闻香的韵味和乐趣，著名女作家张爱玲为此将“海棠无香”列为人生“三大憾事”之一。

相关诗词

《题钱塘县罗江东手植海棠》【宋】王禹偁、《如梦令·昨夜雨疏风骤》【宋】李清照、《咏白海棠》【清】林黛玉

如诗中的意象般，窗外的月色朦胧。

桌上的红烛照亮着旁边一枝盛放的海棠花。

人物服饰的配色是以粉红色和浅粉色为主，二者象征着海棠花的花瓣，黄色象征花蕊。

代赠二首·其一

【唐】李商隐

楼上黄昏欲望休，玉梯横绝月如钩。
芭蕉不展丁香结，同向春风各自愁。

诗词赏析

这是一首七言绝句。这首诗所描写的是女主人公在黄昏时分远望，写出她不能与情人相会的愁绪。作者运用多个景物衬托女主人公的心情，例如：残月、芭蕉、丁香等。全诗意思如下：女主人公独自登上高楼凭栏远望，却凄凉罢了。只因千山万水阻隔了情人来相会的道路，唯有在这淡淡的如钩子般的月光下默默等待。芭蕉树上的蕉心还没有舒展开来，连丁香树上的花朵也是结着花苞不肯绽放，因此在面对着黄昏时分吹来的带有凉意的春风中各自惆怅着。作者用结卷不展的芭蕉和缄结不开的丁香花蕾来比喻愁绪，使得说不清道不明的情感变得可见可感，并且更具有了象征的意味。作者寓情于景，将人与物相融一体。此诗意境优美，其韵无穷，为世人所称道与传颂。

中文名：紫丁香

别　名：华北丁香、龙梢子、扁球丁香、龙背木、紫丁白、小叶丁香

学　名：*Syringa oblata* Lindl.

科：木犀科

属：丁香属

扩展阅读

紫丁香是木犀科丁香属的著名观赏花卉。但是，丁香在历史上一开始并不是指的丁香属植物，而是指的产自东南亚桃金娘科的一种蒲桃属植物——丁子香。集香料、药用、食用于一身的丁子香在汉代便流传到宫廷生活中，据民间说法，汉代称丁香为“鸡舌香”，用于口含，汉朝大臣向皇帝起奏时，必须口含鸡舌香除口臭。《诸蕃志》也曾记载：“丁香出大食、阇婆诸国，其状似‘丁’字，因以名之。能辟口气，郎官咀以奏事。”

丁香的名称是什么时候从桃金娘科蒲桃属丁子香逐渐转移和应用到木犀科的丁香属植物上的，目前虽无法得知，但转移的原因是显而易见的。那便是木犀科的丁香在国内分布更为普遍，与桃金娘科的丁子香同为灌木，花冠管形态似“丁”字，同样清香袭人，也作为香料与药材使用。至唐代，丁香便作为木犀科丁香属植物的专用词出现在许多诗歌之中，也名列“花中十二客”和“花中十二友”。

相关诗词

《江头四咏 · 丁香》【唐】杜甫、《小园春思二首 · 其一》【宋】陆游

人物是一个提着裙子走的动态，刻画出女主人公独自登楼的情景。

诗词所描绘的是黄昏的场景，因此背景颜色为橙红色。

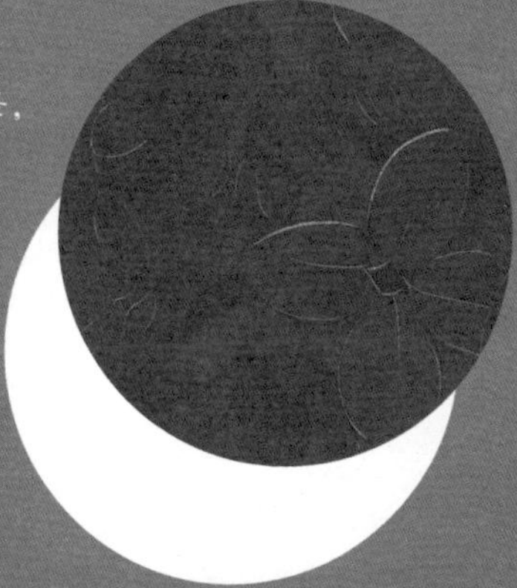

人物望着残缺如钩子般的月亮，淡淡的黄色光辉笼罩在天边。

人物襦裙上点缀着丁香花的图案。

三月至四月

宣城见杜鹃花

【唐】李白

蜀国曾闻子规鸟，宣城还见杜鹃花。
一叫一回肠一断，三春三月忆三巴。

诗词赏析

这是一首七言绝句。李白在写这首诗时已是迟暮之年。他夜郎遇赦归来后，流落江南又不幸染病，晚景凄惨。于是，浓重的思乡怀旧之情油然而生，作下了这首《宣城见杜鹃花》。前两联的意思为：我曾在遥远的蜀国听到过杜鹃鸟凄厉的啼叫；如今又在宣城看到了盛开的杜鹃花。此处诗人没有交代自己身处异乡及其心情，而是巧妙地把两地的『子规鸟』和『杜鹃花』联系在一起，真切地表现出诗人触景生情的心理，从而进一步地为抒发情怀作铺垫。后两联的意思为：杜鹃鸟的每一声啼叫，都使我愁肠寸断。在这暮春三月鸟鸣花开的季节，我正时时思念着我的故乡——三巴。

中文名：杜鹃

别　名：映山红、红杜鹃、满山红、山石榴、山踯躅、唐杜鹃、艳山红、红花杜鹃

学　名：*Rhododendron simsii* Planch.

科：杜鹃花科

属：杜鹃花属

扩展阅读

杜鹃是一种与鸟撞了名字的花，当然，它们之间是有联系的。

关于杜鹃花和杜鹃鸟，在西南地区的四川省内一直流传着一个传说：据说远古时期，蜀国国王杜宇，世称望帝，很爱他的百姓，禅位后隐居修道，死后化为杜鹃鸟（又名子规鸟），日日鸣叫着“民贵呀！民贵呀……”提醒后来的执政当权者要以民为贵。可是，后来的帝王没有几位听他的劝说，所以他苦苦地叫着，声声凄切，直至嘴里流血，鲜血洒在花上，把花染成了红色，便是满山的杜鹃花。

直至近代，又有歌曲等文学作品称杜鹃花是由千千万万烈士的鲜血染红的。因此，革命山区满山遍野的杜鹃花记载着那段悲壮的抗战历史。

杜鹃，是中国原产的一种灌木花卉。按植物学记载，杜鹃花有1000余种，而中国便有600余种，是杜鹃花资源分布最为丰富的国家。我国栽培杜鹃花的历史也较长，大约在汉代就有记载，但早期记载主要侧重东部低海拔丘陵地区分布的少数几种。绝大多数杜鹃种类分布在四川、云南、西藏等地的山区，不被大众所熟知，倒是在20世纪初被西方的植物“猎人们”引种之后逐渐引起人们注意并开始研究。

相关诗词

《杜鹃花》【唐】成彦雄、《山枇杷》【唐】白居易

背景装点着盛开的杜鹃花，与人物服装颜色相呼应。

人物眼中泪光闪闪，与诗人悲戚的心情呼应。

手中的杜鹃花像诗中所写那样盛开。

手记。 公元

遇见最美古诗词：
草木繁华，恰似伊人凝妆

芍药

【唐】韩愈

浩态狂香昔未逢，红灯烁烁绿盘龙。
觉来独对情惊恐，身在仙宫第几重。

诗词赏析

该首诗在众多咏颂芍药的诗歌中占有一席之地。作者用词十分有特点，仅用四个字就精准地形容出芍药的姿态与气味。全诗意思如下：芍药花那硕大的花朵和浓郁的芳香都是我之前从没见过的，艳红的芍药好像一盏红灯笼般，茂密参差的绿叶宛若绿色的蛟龙盘绕着花茎。一觉醒来，我面对着盛开的芍药花不禁有些神思恍惚，惊疑不定，这样美好的花在人间是看不到的，只有在仙宫中才能见到。那么，我现在究竟身处第几重仙宫之中呢？作者运用『浩态狂香』四个字将怒放的芍药描绘得惟妙惟肖，对眼前的芍药花表达出由衷的赞叹。

四月至五月

中文名：芍药

别　名：白芍、赤芍、白芍药、赤芍药、川白芍、草芍药、山芍药

学　名：*Paeonia lactiflora* Pall.

科：芍药科

属：芍药属

扩展阅读

芍药是原产中国黄河流域以北地区的另一种芍药科植物。由于芍药与牡丹是近亲，所以在花朵形态上有较大相似度，初学植物的人有时候分不清彼此。其实，最明显的区别特征是芍药的茎木质化程度低，属于草本花卉。每年冬季，芍药地上枝叶全部枯萎，以地下块根度过非生长季节，来年春暖花开时节，从地下萌发新的枝叶开始新一年的生长。而牡丹地上枝条在冬季不会枯萎，来年直接在枝条顶端或侧芽部位萌发新的枝叶生长。在盛花时期，由于芍药相比牡丹更显柔软雅致，而被称为“花后”“花仙”“花相”，与“花王”牡丹并称“花中二绝”。

芍药的栽培历史同样悠久，据宋·虞汝明所著《古琴疏》记载，约公元前1936—1909年在位的帝相便有芍药种植于后苑，至今已有近4000年的历史了。芍药最开始被栽培极有可能是作为药用，故名“芍药”，如今仍然是著名的药用植物之一，其根因加工方法和产地不同而被称为“白芍”“赤芍”，所有也有“白芍药”“赤芍药”“川白芍”等系列的俗称。

除药用外，由于芍药适应性强，花色美丽，雍容华贵，全国多地也将其作为观赏花卉久经栽培，历代诗词等文学作品对芍药也多有咏诵。芍药花开于春末，古时人们常于别离时赠送芍药花，以示惜别之情，所以又名“将离”“可离”，芍药的意境也多与“惜别”“多情”相关。唐宋文人称芍药为“婪尾春”“殿春”，婪尾是最后之杯，“婪尾春”意为春天最后的一杯美酒；苏轼诗“多谢花工怜寂寞，尚留芍药殿春风”，所以芍药又有“殿春”之名。

相关诗词

《芍药》【五代后蜀】张泌

芍药与牡丹不同，牡丹雍容华贵，而芍药更像一位少女。

如诗中所言，红色的芍药花像一盏红灯笼一般，因此图中绘制出一盏具象的灯笼。

诗中氛围像是处于人间仙境之中，因此场景有朦胧的雾气弥漫着。

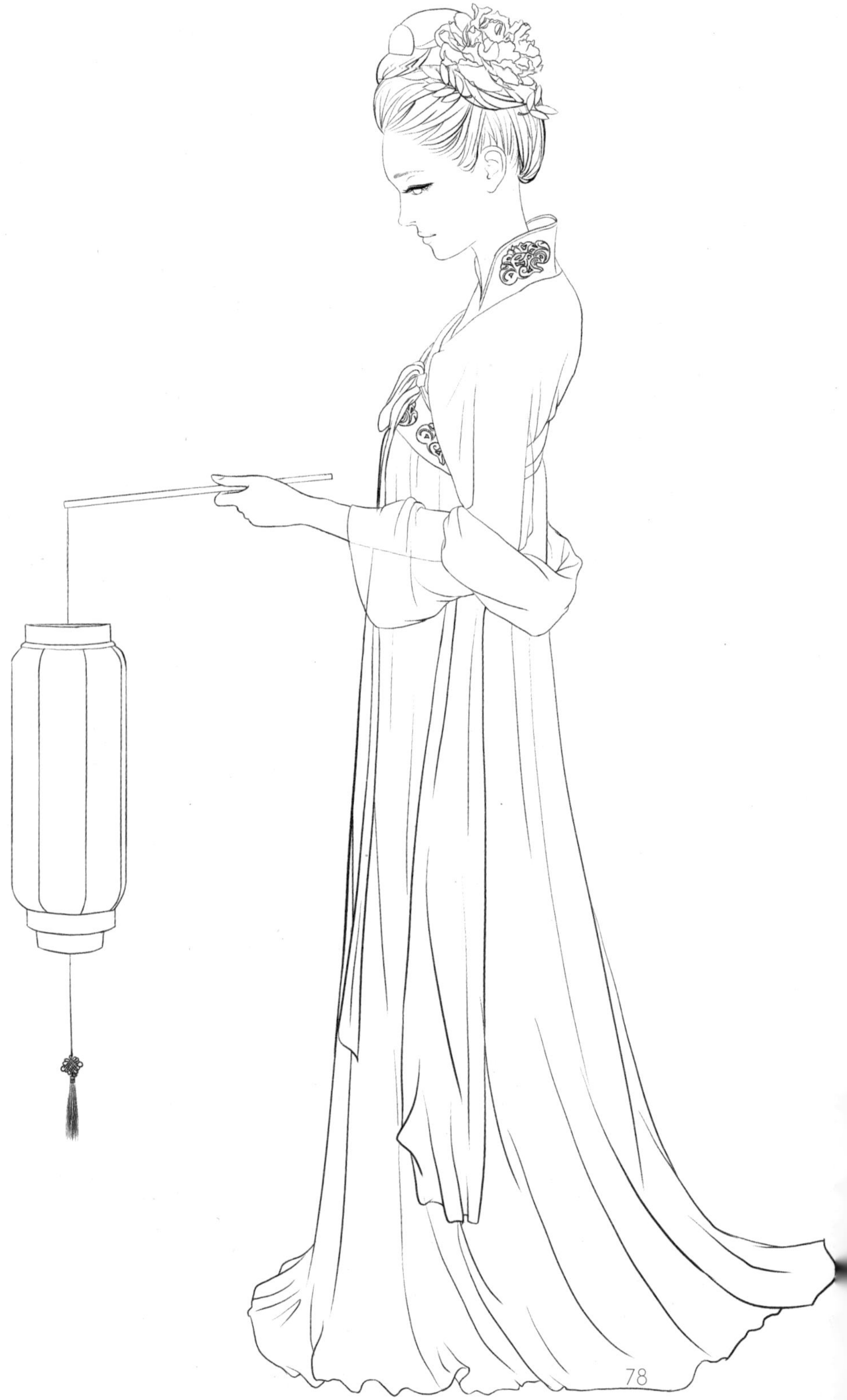

赏牡丹

【唐】刘禹锡

庭前芍药妖无格，池上芙蕖净少情。
唯有牡丹真国色，花开时节动京城。

诗词赏析

这首诗是赞颂牡丹之作，但其手法却是侧面烘托，采用抑彼扬此的反衬之法，开始先评赏芍药和芙蕖，而后赞叹牡丹拥有情韵和高格。全诗意思如下：庭院中的芍药花虽然妖娆艳丽但缺乏格调，池面上的荷花倒是洁净清丽却缺少情韵。只有牡丹才是真正的天姿国色，当它开花的时候便惊动了整个京城，引无数人来欣赏。此处将牡丹艳压群芳的气势表现了出来。这短短四句诗描写了三种花卉，作者既对芍药与荷花美好的一面进行了夸赞，又从中突出了牡丹的国色天姿，令人回味无穷。

四月至五月

中文名：牡丹

别　名：百两金凤凰丹、富贵花、花王、洛阳花、木芍药、国色天香

学　名：*Paeonia suffruticosa* Andr.

科：芍药科

属：芍药属

扩展阅读

牡丹是原产中国长江流域与黄河流域山间或丘陵中的一种灌木花卉，与和它亲缘关系相近的芍药相比，其根茎木质化程度较高，也称“木芍药”。牡丹之名一说“牡丹虽结籽而根上生苗，故谓“牡”（意谓可无性繁殖），其花红，故谓“丹”；一说由于其花朵多红色且较大（红色为丹），枝干较粗且有力（有力为牡），因此叫“牡丹”。还有记载因牡丹根皮色赤而取义为“丹”，植株根茎木质化程度高而显坚硬，谓之“木丹”，后来，“木”音慢慢地转化为“牡”之音，变为称“牡丹”。

牡丹因花期集中在农历四月，成为四月的节气花。牡丹花从南北朝有栽培记录算起，在中国已有1500年以上的栽培历史，由于其色泽艳丽、玉笑珠香、风流潇洒、富丽堂皇，素有“花中之王”的美誉。在隋唐时期，牡丹的栽培数量和范围开始逐渐扩大，并进入皇家园林进行专园栽培管理，一时成了富贵的象征，甚至被称为“国色天香”。牡丹是花鸟画和诗文中常采用的元素，也是从民间到贵族都通用的重要栽培观赏花卉。牡丹可能是传统花卉中栽培和育种研究历史最长和最为完备的种类，在各个历史时期都有专门的牡丹栽培管理理论和品种收集专著出版。

相关诗词

《牡丹》【唐】徐凝、《牡丹》【唐】柳浑

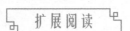

牡丹的代表人物让人一下想起唐代的杨贵妃，因此，服饰是借鉴唐代的风格创作的。

神情根据描写杨贵妃的“回眸一笑百媚生”进行刻画。

唐代流行簪花，因此人物头顶也簪了一朵雍容大气的牡丹。

人物身后的披风描绘的是凤凰戏于牡丹丛中，喻义“花中之王”。

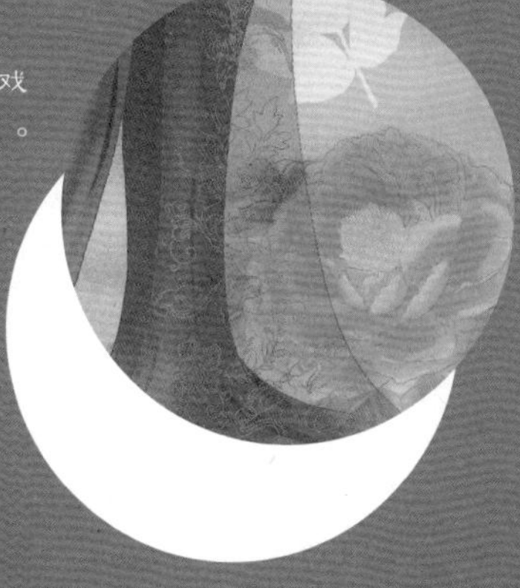

手记
公元

五月至六月

酒泉子·谢却荼蘼

【清】纳兰性德

谢却荼蘼，一片月明如水。
篆香消，犹未睡，早鸦啼。
嫩寒无赖罗衣薄，休傍阑干角。
最愁人，灯欲落，雁还飞。

诗词赏析

该首词没有直接描写人物心理，而是通过意象烘托、环境营造和气氛渲染侧面表现人物内心真实感受。在那一片月明如水的夜里，白色的荼蘼花凋零了。篆香已经燃烧殆尽，可我还没有睡着，早起的鸦雀都开始啼叫了，又是一个不眠之夜啊。无奈单薄的锦衣抵挡不住丝丝春寒，不要再倚靠栏杆远望了。那灯就要燃尽，回归的大雁飞过天空的情景是最让人伤怀的啊！词中『最愁人』包含了两重含义：一是雁归来而人却未归，令人生愁。二是自古有鸿雁传书之说，可徒见大雁飞过，而无所挂念人的只字片语，这更引发人的无限愁绪。词人以景结情，留有不尽之意。

中文名：悬钩子蔷薇

别　名：荼蘼、荼子蘼、倒挂刺、和尚头、荼蘼花、荼藤花、七姊妹

学　名：*Rosa rubus* Lévl. et Vant.

科：蔷薇科

属：蔷薇属

扩展阅读

荼蘼是中国传统文化中最为著名的花卉之一，但由于花木典籍之中有很多不一致的地方，荼蘼的身份基本变成了一宗悬案，是在现代植物分类学上指代最不明确的花卉之一。根据《花镜》和《群芳谱》的记载，我们选取目前的主流指代意见悬钩子蔷薇作为本书的荼蘼（另有说荼蘼指代重瓣空心泡、香水月季、大花白木香等不同意见）。

主要由于悬钩子蔷薇花具香味，花量较多，分布相对比较广泛，花色乳白中带着微黄，和《群芳谱》上说“色黄如酒，固加酉字作‘酴醾’更为吻合”（注：醾为醿的异形字）。另外，荼蘼花出现在诗文中多指其花期较晚，荼蘼花开代表一年花季的终结，所谓“一年春事到荼靡”“开到荼蘼花事了”均是代表，所以荼蘼又常象征着繁华的逝去和爱的消逝，是一种开得灿烂绝美但寓意伤感的花。

相关诗词

《荼蘼》【宋】方岳、《雪叹二绝》【宋】洪咨夔、《酴醾》【宋】杨万里、
《春暮游小园》【宋】王淇、《荼蘼》【宋】湛道山

荼蘼被赋予了伤感、悲情的内涵，因此人物表情流露出些许悲伤。

人物衣衫单薄，全身素白，正如诗中的女主人公一般。

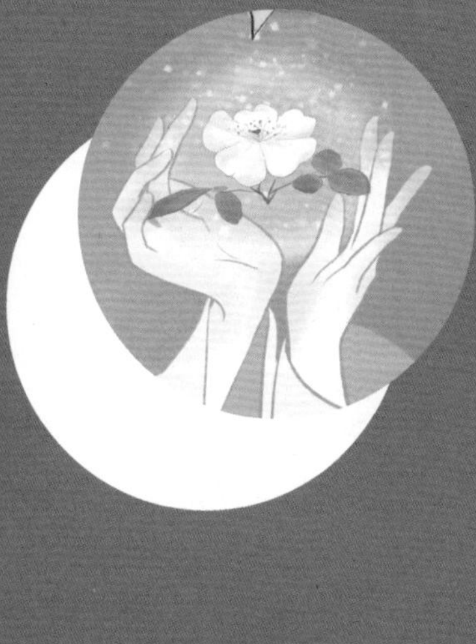

人物手中的荼蘼花在盛放，正如诗中主人公想要护花那般。

公元
手记

玫瑰
栀子
金粟兰

夏

一年之盛也，湖光初生矣。
玫瑰何与月季分？栀子茉莉孰香甚？
此间有酒有凉亭，请君与我细细听。
牵牛昙花皆一现，莲生湖上紫薇庭。
珠兰米兰入匣去，日光映上石榴裙。

月季花

月季

【宋】苏轼

花落花开无间断，
春来春去不相关。
牡丹最贵惟春晚，
芍药虽繁只夏初。
惟有此花开不厌，
一年长占四时春。

诗词赏析

这首诗是在作者贬谪流放期间创作的，但读者依然能从诗中读出乐观积极的情绪来。全诗意思如下：月季一直不间断地开花和凋谢，似乎春天的来去都和它毫不相关。牡丹虽然雍容华贵，但却在晚春时才开花，芍药虽然繁花似锦，但也只在初夏才开放。只有月季花开不厌似的，一茬接着一茬，一年四季都盛开着。作者将牡丹和芍药拿来反衬出月季花的特点，也是将月季比作他自己，暗喻其如月季般花落还复开、秋霜摧不折的高尚品行。其虽身处逆境，但不放弃的精神和积极乐观的心态是可歌可叹的。

三月至八月

中文名： 月季花

别　名： 中国月季、长春花、刺玫花、刺牡丹、四季花、月月红、月月花、四季春、四季红

学　名： *Rosa chinensis* Jacq.

科： 蔷薇科

属： 蔷薇属

扩展阅读

月季花是蔷薇属的著名花卉，也是中国传统花卉至现代花卉发展中经久不衰的一种植物。但由于近现代与西方园艺上的交流和翻译问题，现在的月季花、玫瑰和蔷薇之间是一笔糊涂账。现今市场上卖的“红玫瑰”“粉玫瑰”“白玫瑰”之类都是广泛用于切花的大花香水月季，由欧洲蔷薇与中国的月季花长期杂交选育而成。

月季花是中国原产的植物，花色浅粉至深红，花容秀美，姿色多样，四时常开，深受人们的喜爱。经过上千年的栽培和选育，月季花种类相继有了藤本月季（Cl系）、大花香水月季（HT系）、丰花月季（聚花月季）（F/Fl系）、微型月季（Min系）、树状月季、壮花月季（Gr系）、灌木月季（Sh系）、地被月季（Gc系）等不同品系。其花色和品种丰富度在现代园艺花卉中数一数二。

月季花的花期非常长，“惟有此花开不厌，一年长占四时春”，近乎每月都开花，这也是其名称由来的原因之一。月季花的花期长，观赏价值高，价格低廉，在园林绿化中有着不可或缺的价值，是使用范围最广的一种花卉，可用于园林布置花坛、花境、庭院，也可用来制作月季盆景和切花、花篮、花束等。

相关诗词

《裴常侍以题蔷薇架十八韵见示因广为三十韵以和之》【唐】白居易

人物的裙装设计成一朵盛开的月季花。

人物姿态设计成翘首盼望的样子，也正如诗人渴望被重新得到重用。

衣服和发间也多以月季花作点缀。

手记 公元

红玫瑰

【宋】杨万里

非关月季姓名同，不与蔷薇谱谍通。
接叶连枝千万绿，一花两色浅深红。
风流各自燕支格，雨露何私造化功。
别有国香收不得，诗人熏入水沉中。

诗词赏析

这首诗是描写景物诗词中的佳作，突出了玫瑰花的美好与多姿。在诗的开头就阐明了玫瑰、月季、蔷薇虽然同属蔷薇科，但玫瑰不是月季，也和蔷薇不是同一个种类。玫瑰的花枝和花叶连接在一起形成了各种不同的绿色，一枝花茎上结出两朵花，有深红、浅红两种颜色，看上去好像美女脸上涂的胭脂，各有风流。红玫瑰如此美好娇艳，可不是哪位花公侍弄的，而是大自然的阳光和雨露精心培育的结果。正是由于它色泽艳丽、芬芳四溢，我站在红玫瑰旁，就如同被沉香薰着一般陶醉了。全诗通过花的颜色、姿态和气味描写玫瑰，令读者仿佛置身于花丛中。

四月至五月

中文名：	玫瑰
别　名：	笔头花、赤蔷薇、红刺玫、刺玫菊、海蓬蓬、红玫瑰、红玫花、徘徊草、野玫瑰
学　名：	*Rosa rugosa* Thunb.
科：	蔷薇科
属：	蔷薇属

扩展阅读

玫瑰是蔷薇科蔷薇属的另一著名花卉，因为在植物学和园艺学上形成的名称混乱问题，造成玫瑰与蔷薇、月季的区分是除识别桃、李、樱、杏、梨的另一项每年重复进行的求知活动。植物学中指代的玫瑰花原产中国华北地区，与月季其实比较好区分，叶片多皱褶，枝条软垂生长，有密集的短刺，每年仅在春夏之交开花一次便是它的主要识别特征。

玫瑰花开花频度低，花型也不规整，所以不像月季那样适合于作鲜切花。不过，玫瑰花具有浓郁的玫瑰花香，是中国传统的“十大香花”之一，鲜花花瓣可供制作饼馅、酱料食用，也可以供提取玫瑰精油，制作高级化妆品，干制后可以用于泡玫瑰花茶。玫瑰花的果实含丰富维生素和糖类，可以食用；花蕾入药，有理气解郁、活血散淤和调经止痛的功效。

相关诗词

《奉和李舍人昆季咏玫瑰花寄赠徐侍郎》【唐】卢纶、

《玫瑰》【唐】唐彦谦

人物面颊上的浅红与衣裙的深红交相辉映。

搭落在地上的裙摆犹如盛开的玫瑰花瓣一般。

背景的绿叶与诗中所说的一样各有深浅。

手记

公元

题张十一旅舍三咏榴花

【唐】韩愈

五月榴花照眼明，枝间时见子初成。

可怜此地无车马，颠倒青苔落绛英。

诗词赏析

这是一首借景抒情的七言绝句。在诗的开头，作者就指明时令，将开得热闹灿烂的石榴花勾勒出来，后两句表述作者的心境，为无人欣赏这美丽绚烂的景象而感到惋惜。全诗意思如下：五月份开的石榴花如火焰般明亮，耀眼夺目，枝丫间有时隐约可以看到刚结出的小石榴果儿。不过可惜的是，此地无王孙公子赏花车马的痕迹，而开得绚丽明艳的花朵只能落在这片长满青苔的地上，无人欣赏。

作者用诗中的石榴花来指代自己，抒发自己怀才不遇之感。全诗景致描述得清新自然，又在描摹客观景物中阐释人生哲理，从诗中可看出作者是个热爱生活，富有浓郁的情趣和缜密文思的名家。

中文名：石榴

别　名：安石榴、长安花、海石榴、西榴、珍珠石榴、红石榴、月季石榴、柘榴

学　名：*Punica granatum* L.

科：千屈菜科

属：石榴属

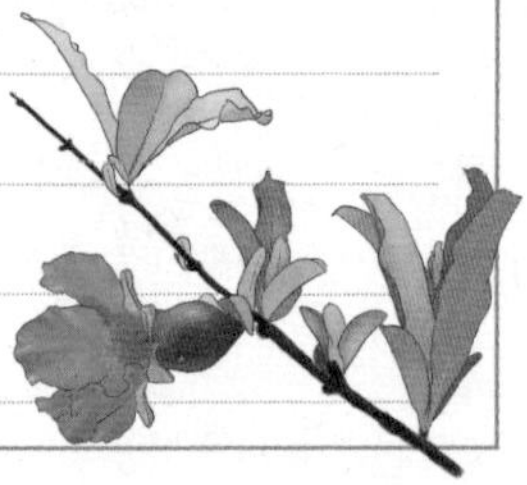

扩展阅读

石榴，一种落叶灌木或小乔木，原产巴尔干半岛至伊朗及其邻近地区，相传为西汉张骞出使西域时从安石国带回，又称“安石榴”。石榴引种后，首先种植在当时长安上林苑里，故又称“长安花”。石榴仲夏开花，成为农历五月的节气花。石榴花色泽绛红，契合了中国人传统上最为喜欢的红色，代表着喜庆、热闹和祥和，逐渐便从皇家园林扩展到民间，从黄河流域逐渐扩散到各地栽培。

由于石榴花的红可以用作染料，石榴花的叠瓣褶皱发展成女孩子的裙子样式，在南北朝开始，石榴便成为一种年轻女子极为青睐的服饰，谓之“石榴裙”。至唐代之时，此风俗大为流行，石榴树也成了爱情的象征树，“拜倒在石榴裙下”成了比喻男子对美貌女孩崇拜倾倒的俗语。

石榴不但花作欣赏，结的果子还甜美多汁，是著名的秋季水果，包围着种子的假种皮晶莹剔透，似珍珠一般，被称为“珍珠石榴”。由于其种子众多，排列紧密，在民间被赋予“多子多福”“团结”的好寓意，成为百姓常常种植的树木之一。

相关诗词

《如意娘》【唐】武则天、《咏石榴花》【宋】王禹偁、
《憩冷水村，道傍榴花初开》【宋】杨万里、《石榴》【宋】杨万里

人物裙襦的设计与石榴花瓣类似，都为瓣状散开。

人物服装颜色的设计与石榴花固有色相符，胸前模仿的是石榴纹饰。

人物发间别着两束石榴花。

桌上放着饱满多籽的石榴。

栀子

【唐】杜甫

栀子比众木，人间诚未多。
于身色有用，与道气伤和。
红取风霜实，青看雨露柯。
无情移得汝，贵在映江波。

栀子

诗词赏析

这首诗表达了作者对栀子的极度喜爱与高度赞扬之情。全诗意思如下：栀子花与其他植物相比确实少见。对于它自身来讲，人们可以从栀子中提取黄色作为染料使用，又可以将栀子入药，有理气治病的功效。栀子的果实历经风霜才变红，枝叶遭遇雨露才显青翠。栀子喜好傍水生长，除了这一点，就没有什么别的事情值得它移情了。此诗的前三句对栀子的描述可以说是入木三分，最后一句作者借花喻人，将这样少有又坚强的花来比喻自己，有孤芳自赏之意。

四月至五月

中文名：栀子

别　名：白蝉、玉荷花、黄栀子、木丹、黄果子、山栀子

学　名：*Gardenia jasminoides* Ellis

科：茜草科

属：栀子属

扩展阅读

栀子是茜草科的常绿灌木，因花为纯白色，又称“白蝉”或“玉荷花”。又由于栀子的成熟果实为黄色，也称“黄栀子”“木丹”和“黄果子”。栀子分布在华东、华中、华南和西南的大部分地区，久经栽培，是著名的灌木观赏香花卉。

栀子与茉莉、白兰花同在夏季开放，花色均为纯白色，为夏季三白，也是目前老百姓能将花摘下在各个市场做零售的少有花卉种类。夏季湿嗒嗒的雨季中，市场上叫卖“栀子花、白兰花、茉莉花”的声音，似乎可以扫去不少梅雨带来的阴霾。栀子在华中、西南地区可能栽培更为普遍，栽培时间也更长，所以，在这些地区，栀子有时候作为农历五月的节气花，取代了石榴花，谓之“五月栀子头上戴”。这种具有清芬气味、白花绿叶的花卉，在很多人心中象征着青涩与纯真，除留在诗文之中外，在现代还有以栀子为名谱写的歌曲。

相关诗词

《和令狐相公咏栀子花》【唐】刘禹锡、《栀子花》【宋】杨万里

栀子花全身洁白，因此人物也是一袭白裙。

人物的团扇和腰间都点缀着盛开的栀子。

金粟兰

珠兰

【清】袁枚

谁把三湘草，穿成九曲珠。
粒多迎手战，香远近闻无。
帘外传芳讯，风前过彼姝。
闲将缨络索，仔细替花扶。

诗词赏析

这是一首五言律诗，作者通过细致的观察描绘出珠兰开花时的特征，诗句以设问的方式开头，此处的『三湘草』是指兰花，『九曲珠』为珠兰。全诗意思如下：是谁用柔韧的兰花叶片将颗颗金粟般的珠子串在一起的？那柔软的花茎上一粒粒的金珠在微微颤动，仿佛是一双欢迎的手在摇摆。珠兰的花香浓郁，气味香飘万里，愈远愈香，但近闻却好像闻不到香味。即使将它置于屋外，香味也能穿过帘子飘进屋里。一阵风吹过，珠兰摇曳的姿态好像仙子一般婷婷袅袅。我要用最华贵美好的丝绳，小心地缚在花茎上助其生长，以免花茎由于外界干扰而折断。整首诗体现了作者赏花、爱花、惜花、护花之情。

四月至六月

中文名： 金粟兰

别　名： 珠兰、茶兰、珍珠兰、鸡爪兰、鱼子兰、叶枝兰、鸡脚兰

学　名： *Chloranthus spicatus* (Thunb.) Makino

科： 金粟兰科

属： 金粟兰属

扩展阅读

珠兰，在植物学名称中称金粟兰，为金粟兰科金粟兰属常绿多年生草本植物。珠兰花型较小，花朵呈黄色，如粟米，所以称“金粟兰”，在花枝上排列成串，花圆如珠，花开具有清雅、醇和、耐久、颇似兰花的香味，又称“珠兰”。珠兰的叶形态像茶叶，花能熏茶，所以又叫“茶兰”。另外，人们根据不同的形态特征和角度，还取有类似的如“珍珠兰”“鸡爪兰”“鱼子兰”“叶枝兰”等名字。

珠兰的花不但形状小，甚至连花瓣都不具备，从外观形态上来说谈不上色、韵之美，但由于珠兰的香味可以与兰花媲美，近闻似无，而愈远愈香，即使把它放到室外，芳香也能透过帘子传进屋中。闻香近视，风吹枝动，珠兰花便如风前弱女，飘然如仙，漫展姿容。人们因香而生情，将珠兰列入中国传统的“十大香花”。

相关诗词

《咏珠兰 · 鱼目潇湘上》【明末清初】彭孙贻、

《咏珠兰四首次羡门韵》【明末清初】彭孙贻

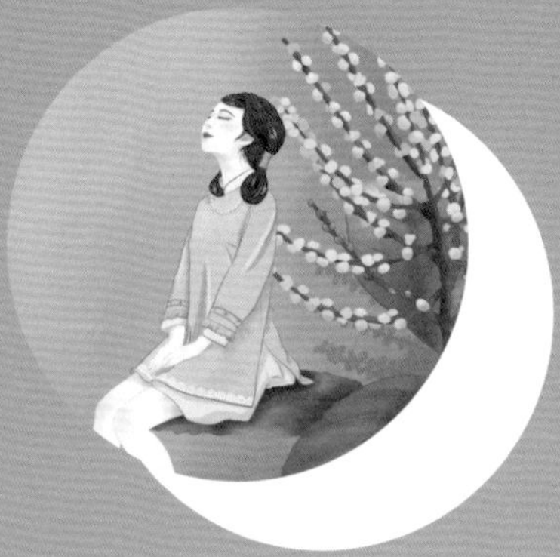

金粟兰花朵轻盈小巧，因此人物形象设计偏向小家碧玉。

人物的项链和足链是金珠串成，和植物的性状相同。

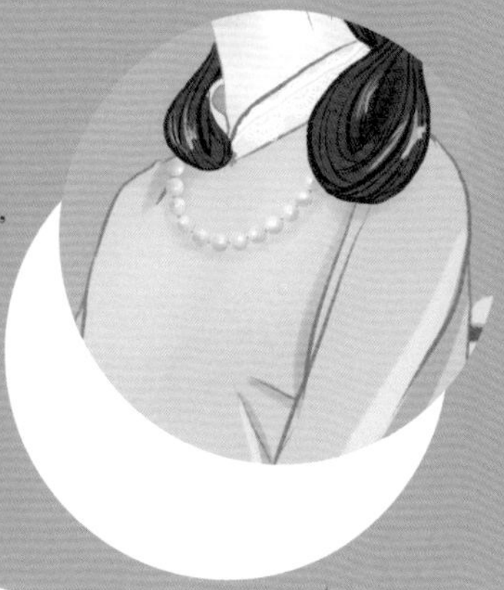

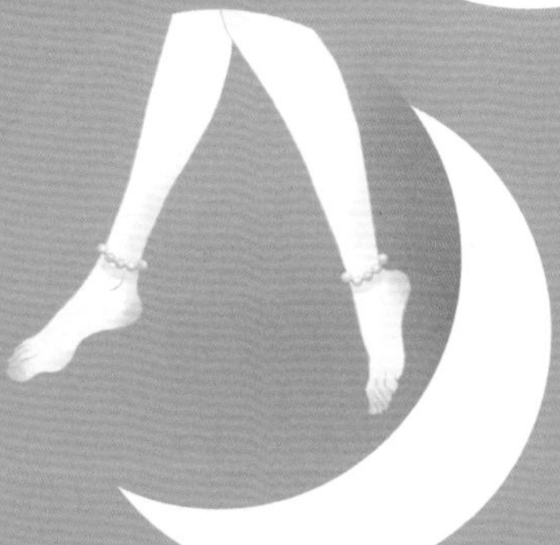

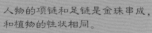

赛兰

【明】陈宪章

南有赛兰香，名花人未识。
光风散微馨，甘露洗新碧。
一月薰蒸来，氤氲在肝膈。
乃知方寸根，中禀天地塞。
谁为续骚手，俯抑空凄恻。
窗户悄无人，图书共昕夕。

诗词赏析

作者陈宪章格外喜欢米仔兰，多次赋诗赞颂，《赛兰》便是其中一首，赛兰是如今的米仔兰。全诗意思如下：人们只知南方有米仔兰花，而懂得这种名花内在美好的人却没有。南方的阳光充足，空气湿润，在阵阵微风的吹拂下，米仔兰花芬芳四溢。甘甜的雨露把米仔兰的叶子冲刷得碧绿油亮。花开了一个多月，我沉浸在它的香气中感到神清气爽。米仔兰花的根虽然纤细，但米仔兰体内却蕴藏着无限的芬芳。它不会像屈原《离骚》中的兰花那样『变而不芳』，因此谁也不会为此哀切伤怀。我的窗外静悄悄的无人打扰，只有晨夕与图书为伴。最后一句好似与米仔兰无关，实际上作者在歌颂这未被人赏识的米仔兰花，它的静默淡逸、芳洁自持、不求虚名与诗人的品性十分契合。

中文名： 米仔兰

别　名： 米兰、米籽兰、碎米兰、兰花米、鱼仔兰、香桂花、木珠兰、五叶兰、千里香、夜兰、赛兰

学　名： *Aglaia odorata* Lour.

科： 楝科

属： 米仔兰属

扩展阅读

米仔兰，原产华南以及东南亚地区，夏秋开黄色花，每一枝条着生百十朵小花，花如米状，味同兰香，故名“米兰”，类似的名称还有“米籽兰”“碎米兰”“兰花米”“鱼仔兰”等。米仔兰的花与珠兰的花相似，但是米仔兰为常绿灌木，珠兰是草本，所以米仔兰又叫“木珠兰”。米仔兰的叶片是五片小叶形成的复叶，因此也称“五叶兰”。

米仔兰花香浓郁，甘醇诱人，盛花时节香味可以扩散很远，人们因此夸张地称它“千里香”。米仔兰为优良的芳香植物，可用来焙茶和提取芳香油，在中国南方地区广为栽培，也可盆栽用于布置会场、门厅、庭院及家庭装饰。

此外，米仔兰因具备花朵小、不起眼，却毫无保留地最大限度地将芳香奉献给人们的特点，故常用它寓意品质崇高，指代教师，因为它也像教师那样默默地奉献。

相关诗词

《七绝 · 咏米兰花》【现代】楼兰古人、

《五律·百花咏之五十六 · 米兰花》【现代】天地蠡人

人物服饰参考明代后期的服装特点来创作，竖领披风颜色为米仔兰花的黄色，襦裙为绿色，象征着叶子。

人物手中拿着一本书，如诗中所提到的与图书为伴相呼应。

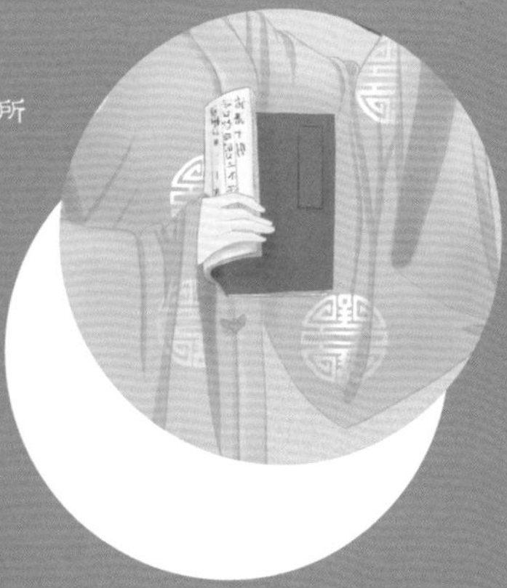

人物面对着窗外的米兰花，也与作者诗中营造的意境相似。

六月至七月

牵牛花

【宋】危稹

青青柔蔓绕修篁，刷翠成花著处芳。

应是折从河鼓手，天孙斜插鬓云香。

诗词赏析

这是一首咏物诗，主要体现出作者享受悠闲自在的生活，歌颂美好的爱情。诗中引用了牛郎织女的典故，通过描写牵牛花来赞美像牛郎织女一样美好的爱情。全诗意思如下：牵牛花青绿色柔软的藤蔓缠绕着修长的竹子，叶子像瀑布一般倾泻而下，在绿叶当中点缀着各色的花朵。这芬芳美丽的花朵定是牛郎在鹊桥相会时亲手摘下的，由织女将花朵插在云鬓般的发间。作者运用这个典故赋予了牵牛花象征爱情的寓意。全诗语言清新明快，表达含蓄。作者善于运用典故，情感含蓄委婉。

中文名：牵牛

别　名：牵牛花、喇叭花、裂叶牵牛、朝颜花

学　名：*Ipomoea nil* (L.) Roth

科：旋花科

属：虎掌藤属

扩展阅读

牵牛是旋花科的藤本花卉，通常包括牵牛和圆叶牵牛等属内相似种类，以茎旋转缠绕支持物进行生长。据说，古时在中国牵牛作为药材价格昂贵，可与一头牛等价交换，所以得名。由于花的形状像喇叭，老百姓多称它“喇叭花”。牵牛花一般在早晨开放，待到中午太阳热烈时便合拢了，同时，由于光照引起的酸碱度变化，牵牛花早晨时一般是红色的，到暮晚则变成蓝紫色，日本人依此给牵牛花起名“朝颜花”。

牵牛一般在春天播种，夏秋开花，如今在中国除极北方外，广泛分布，实在太过于常见了，以至于人们认为牵牛是中国原产的本土花卉。但牵牛原产于热带美洲，可能因药用或观赏，随古时的贸易交流而引入中国，具体时间暂无法考证，但最晚在公元5世纪的南北朝时期已进入中国。

相关诗词

《牵牛花三首》【宋】杨万里、《牵牛花》【宋】林逋山

牵牛又称“喇叭花”，因此人物姿态犹如一支小喇叭一般作呼朋引伴的样子。

人物的发间插了一枝牵牛花，像诗中人物织女发间插着的一般。

人物裙摆和袖子也模拟成牵牛花的形状。

手记。
公元

六月至七月

箴作诗者

【清】袁枚

倚马休夸速藻佳，相如终竟压邹枚。
物须见少方为贵，诗到能迟转是才。
清角声高非易奏，优昙花好不轻开。
须知极乐神仙境，修炼多从苦处来。

诗词赏析

这是一首七言律诗。作者首先以两个典故引出所要议论的事，那就是快速作诗者不要夸耀自己作诗作得快又好，然后首联次句举例司马相如做赋慢，作品不如邹阳和枚皋的多，但若要论做赋的成就，司马相如是高于他二人的。次联意思是：诗句多而粗不如少而精，不轻易下笔作诗，而能反复推敲的人才是真正有才之人。诗的颈联意思是：清角音调较高，不宜吹奏得好，昙花很美，又被看作祥瑞，但它不会轻易开放。两句都比喻好诗不容易得到。尾联是讲，要知道极乐神仙的境界也大多是从苦难之处修炼得来的。作者是告诉我们写诗想要达到精深，唯一的法门就是仔细推敲、不厌修改。

中文名： 昙花

别　名： 叶下莲、金钩莲、月下美人、凤花、琼花

学　名： *Epiphyllum oxypetalum* (DC.) Haw.

科： 仙人掌科

属： 昙花属

扩展阅读

昙花一词，来源于佛教经典，全称叫优昙钵罗花，《妙法莲华经文句》书上说："优昙花者，此言灵瑞。三千年一现，现则金轮王出。"所以，最初优昙钵罗花是佛教所谓"昙花一现"的圣花，但世间并无这样的一种花。

而现在叫昙花的植物是原产南美洲的一种仙人掌科多肉植物，17世纪引入国内，后逐渐广泛栽培，并在云南南部河谷地区归化逸生。开花的时候，花渐渐展开后，很快又慢慢地枯萎了，整个过程仅4个小时左右，由于是在夜间，通常不容易被人注意，增加了其开花的神秘色彩，也与佛经记载的"昙花一现"相契合，优昙钵罗花也就被定格在这个实体上了。昙花花朵洁白、硕大，似莲，又称"叶下莲"或"金钩莲"。因其在夜间开花，在月光的映衬下，显得格外姣美，又享有"月下美人"之誉。

相关诗词

《昙花》【清】范咸、《昙花》【清】张湄、

《优昙花诗》【现代】饶宗颐

昙花又名“月下美人”，迎着月光独自盛放。

昙花又是专情挚爱的化身。人物仰头看着月亮是在思念谁呢？

六月至七月

采莲曲

【唐】王昌龄

荷叶罗裙一色裁，芙蓉向脸两边开。
乱入池中看不见，闻歌始觉有人来。

诗词赏析

这首诗描写的是采莲少女，但诗中并没有采用正面描写，而是通过侧面衬托来描绘出一幅生动的采莲图。全诗意思如下：采莲少女的绿罗裙与田田荷叶仿佛是用同一种颜色的料子裁出来的。少女娇俏的脸庞掩映在盛开的荷花中，令人根本分不清楚是人还是荷花。少女混入荷塘当中不见了踪影，直到听见歌声自荷塘里响起时才知道里面有人在采莲。该诗巧妙地将采莲少女与大自然融为一体，令伫立凝望的人产生一种人花难辨之感。首联和颔联以客观描写为主，颈联和尾联以主观感受为主。整首诗生动活泼，富有诗情画意和生活情趣。

中文名：莲

别　名：百莲藕、芙蓉、菡、菡萏、荷花、莲花、莲藕、莲蓬、灵根 、水芙蓉

学　名：*Nelumbo nucifera* Gaertn.

科：莲科

属：莲属

扩展阅读

莲，是一种多年水生植物，又名荷花，因多在盛夏的农历六月开花，是六月的节气花，有着“六月花神”的雅号。莲在中国有着悠久的栽培利用历史，在距今已有7000多年的“河姆渡文化”遗址中，便发现有莲的花粉化石；在距今5000多年的“仰韶文化”遗址中出土了古莲子两粒；3000多年前，《逸周书》和《诗经》就有关于莲的文字记载。

自古人们就视莲子为珍贵食品，莲藕为最好的蔬菜和蜜饯果品。莲叶、莲花、莲蕊等也都是中国人民喜爱的药膳食品。常见的菜品有莲子粥、藕粉、藕片夹肉、荷叶蒸肉、荷叶粥等。荷叶可为茶的代用品，清肠消火，又可作为包装材料，使食物带有荷叶的清香。因为悠久的历史，莲早就和中国人的传统文化以及生活习俗息息相关、密不可分，只要涉及园林造景和水边聚居，莲必然会被种植在庭院一侧、屋舍近旁，常伴人居左右。

另外，由于其高洁神圣的气质，莲除了从淤泥中长出却又不被淤泥污染的性质被文人墨客们咏诵外，也成为佛教、印度教等宗教中广为推崇的象征性植物之一。

相关诗词

《夜泛西湖五绝 · 其四》其四【宋】苏轼、

《采莲曲》【唐】王勃、《晓出净慈寺送林子方二首》【南宋】杨万里

如诗中所描述的，人物穿着一件绿罗裙。

人物手中握着刚采下来的莲蓬与荷花。

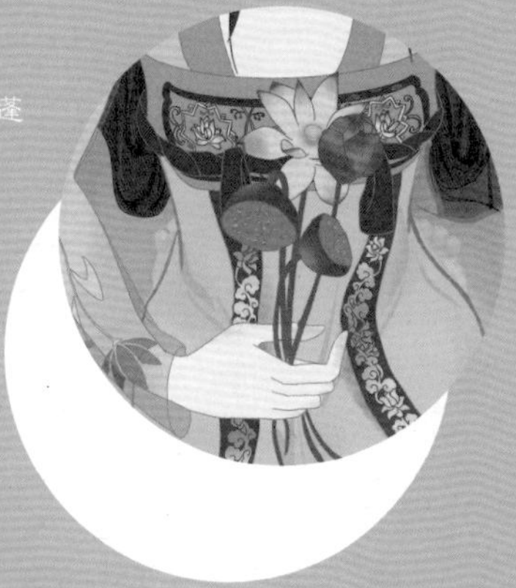

裙子的飘带上绘制的是荷花纹。

裹胸上也是荷花的纹样。

六月至七月

茉莉花

茉莉花

【宋】江奎

虽无艳态惊群目，幸有清香压九秋。

应是仙娥宴归去，醉来掉下玉搔头。

诗词赏析

全诗无一句直接描写茉莉花，而是通过侧面描绘写出了茉莉之美，给读者留下了极为深刻的印象。首联和颔联是写茉莉花虽然平凡但香气清新。它虽没有娇艳欲滴的色泽姿态来夺人眼球，却有清新的芳香获得秋季群芳之首。颈联和尾联是作者运用的比喻，突出茉莉的美。他将这洁白芬芳的茉莉花比喻成天上醉酒的仙女在罢宴归去途中，从云鬓间掉落的玉簪子。茉莉花色泽晶莹，香气袭人，用仙娥的玉搔头作巧妙的比喻再恰当不过了。后两联使读者读后顿觉诗意盎然。

中文名：茉莉花

别　名：末莉、木梨花、三白、山榴花、岩花鬘华、重瓣茉莉

学　名：*Jasminum sambac* (L.) Ait.

科：木犀科

属：素馨属

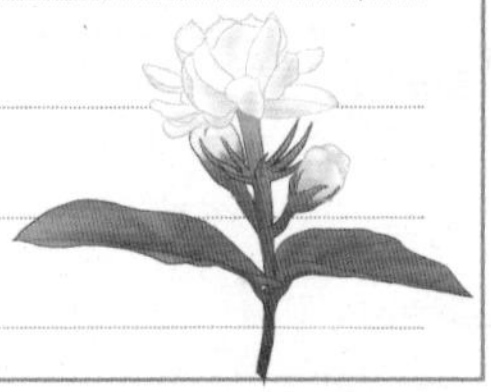

扩展阅读

茉莉花是一种由印度或者伊朗经海上丝绸之路传入中国南方的常绿灌木花卉，在中国农历夏季的七月盛开，是七月的节气花。茉莉的名称来自于当时胡语的音译，梵语名“茉莉伽”（mallika）。

茉莉花的花色洁白，小巧玲珑，虽无惊人艳态，却流露出一种不争春逞艳、骨中透香的高尚品格。茉莉香气甜郁浓厚，持久幽远，常与桂花、兰花并称为“香花三元”，历来受到人们的喜爱，成为幸福、纯洁的象征，不但在书籍中的诗词歌赋之中保留了许多，还在江浙民间流传著名的歌曲——《茉莉花》，其多次登上国际的舞台，成为世界人民心目中的中国民歌代表。

茉莉花另一妙用是在宋朝时期，人们将其与茶相搭配作“茉莉花茶”饮用，自明朝开始商品化，在清朝时更是被列为贡品，供皇家使用和作为赠送外国使节的珍贵礼物。其茉莉花香与茶香交互融合，有“窨得茉莉无上味，列作人间第一香”的美誉。至今，福建、江浙、四川以及两广地区仍然有许多人喝茉莉花茶。

相关诗词

《茉莉花》【宋】许景迂、《行香子 · 茉莉花》【宋】姚述尧、

《末丽词》【清】王士禄

人物姿态是以醉倒的仙娥为灵感设计的，散落的酒杯和洒出的美酒一起倒在石桌上，场景生动美好。

人物醉倒后甜甜地睡去，脸上显出红晕，这就像茉莉花的香味一般清甜美好。

茉莉花花瓣是洁白无瑕的，所以里面衣物设计为白色，而外面的披帛象征叶子，所以为绿色。

手记 | 公元

七月至八月

紫薇

疑露堂前紫薇花两株，每自五月盛开，九月乃衰二首·其二

【宋】杨万里

似痴如醉弱还佳，露压风欺分外斜。
谁道花无百日红，紫薇长放半年花。

诗词赏析

这是一首七言绝句。作者对紫薇花的特征描写得十分生动，将紫薇的精神与风韵都体现得淋漓尽致。全诗意思如下：紫薇花婀娜多姿的样子好像喝醉了一般，即使花势渐弱也依然别有风韵。枝条倾斜的样子看上去弱不禁风，但在露水和大风的欺压下依然花开不败。谁说没有哪种花能上百天都盛放的？紫薇花就能开谢相续，连绵不绝，花期有将近半年之久。作者将紫薇花盛放时的样子刻画得细致入微，并流露出喜爱紫薇的真情实感。该诗风格清新明快，是作者所著诗篇中的佳作。

中文名：紫薇

别　名：百日红、剥皮树、无皮树、痒痒树、搔痒树、怕痒花、鹭鸶花

学　名：*Lagerstroemia indica* L.

科：千屈菜科

属：紫薇属

扩展阅读

紫薇是我国大多数地区比较常见的高大乔木观赏树种。紫薇因花为紫色，叶片对生在小枝上，形似薇菜、蔷薇等，所以名“紫薇”。也有资料说，因传说紫薇是天上紫微星下凡留在人间监视凶狠野兽的树木，所以得名。

紫薇树姿优美，花色艳丽，花期正当夏秋少花季节，有“盛夏绿遮眼，此花红满堂”的赞语，又因花期较长，竟可长达数月，故有“百日红”之称，因此留下许多赞美的诗篇。不过，民间老百姓除了普通观花外，不一定都有那么好的兴致进行诗词咏诵，他们更为熟悉的是紫薇形成光滑的树皮，像脱掉了一层外皮只留树心一般，因此有人称紫薇为“剥皮树”或“无皮树”。用手轻轻触摸，紫薇树冠像怕痒一样，大幅度地摆动，“痒痒树”“搔痒树”“怕痒花”等多个相似的名字由此而产生。

紫薇是观花、观干、观根的盆景良材，根、皮、叶、花还可入药，所以紫薇最晚在唐代便被引种栽培，有着很长的栽培历史。

相关诗词

《紫薇花》【唐】杜牧、《紫薇花》【唐】白居易、

《答黄寺丞紫薇五言》【宋】刘敞、《紫薇花》【宋】王十朋

人物裙摆上是一朵盛开的紫薇花。

花枝摇曳的样子像是在翩翩起舞，因此人物设计成舞动的姿态。

紫薇花由于颜色红艳，因此作者形容“似痴如醉”，所以人物表情也反映出这一点。

背景也是以一枝完整的紫薇花枝作为装饰。

公元

手记

桂花
木芙蓉

秋

一年之颓也，木叶归林矣。

南山采菊日暮归，把盏赏桂沐月辉，

次日涉江难采芙蓉回，原是芙蓉生湖陂。

天竺寺八月十五日夜桂子

【唐】皮日休

玉颗珊珊下月轮，殿前拾得露华新。
至今不会天中事，应是嫦娥掷与人。

诗词赏析

该诗是一首七言绝句。在作此诗时，诗人正处于意气风发的阶段，因此全诗并不像其他描写中秋的诗作般凄凉、哀愁，而是给人以轻松自在的感觉。全诗意思如下：朵朵飘落的桂花仿佛像颗颗玉珠般从月亮下洒出来。我在大殿前将它们捡起，这些花瓣上还带着晶莹的露珠作点缀，显得它们分外新鲜。我到现在也不理解天上发生了什么事，这些沾染着露水的桂花应该是嫦娥洒落下来送给我们的吧！诗的最后一句充满着诗人丰富的联想，也反映出诗人拥有容纳万事万物的心境。

中文名： 桂花

别　名： 木犀、木樨、岩桂、山桂、金粟、九里香、丹桂、红糖茶

学　名： *Osmanthus fragrans* Lour.

科： 木犀科

属： 木犀属

扩展阅读

桂花是原产中国西南地区的一种常绿灌木或小乔木，其花多在入秋时节的农历八月开放，所以是八月的节气花。桂花因叶脉排列似“圭”，而被称为“桂”，又因木材纹理如犀，又被称为“木犀”或“木樨”。桂花通常生长在山岭岩石上，也叫“岩桂”或“山桂”。桂花开花时，花多为黄色，细小如粟，又有“金粟”之名。其花散发的香味具有清浓两兼的特点，清可荡涤，浓可致远，因此有“九里香”的美称。在园艺栽培上，由于花的色彩不同，有金桂、银桂、丹桂等众多品种。

桂，最开始可能指的是木材具香气的樟科植物，汉朝至南北朝时，逐渐开始指代桂花，而至唐朝时，桂花刚好在中秋赏月之际开花，逐渐开始与神话传说中月宫的那棵桂树相联系，也成为崇高、贞洁、荣誉、友好和吉祥的象征，凡仕途得志、飞黄腾达者谓之“折桂”。中国桂花树栽培历史达2500年以上，除供观赏闻香外，桂花还用于制作成桂花糕、桂花酥、桂花酒、桂花茶等，供药用和食用。

相关诗词

《咏桂》【唐】李白、《鹧鸪天 · 桂花》【宋】李清照

这首诗创作的环境是在一个月色朦胧的夜晚，因此插画的氛围也是夜晚。

人物模拟嫦娥仙子坐在桂树上抚摸花朵。

如诗中所描写的，桂花从月亮下撒出，因此在人物环境里桂花在空中飘散着。

饮酒·其五

【唐】陶渊明

结庐在人境，而无车马喧。
问君何能尔？心远地自偏。
采菊东篱下，悠然见南山。
山气日夕佳，飞鸟相与还。
此中有真意，欲辨已忘言。

诗词赏析

这首诗的意思可分为两层来理解，前四句为一层，后六句为一层。前四句描写的是诗人脱离世俗后的感受，后六句描写田园生活的乐趣和南山晚景的美好，表现出诗人热爱田园生活的真性情，凸显了诗人高洁的品格。作者虽然居住在尘世间，但与世俗并无来往，因此打扰不到诗人的恬淡生活。诗人身心早已远离官场，更进一步说是『远离世俗，返璞归真』。后六句表现诗人归隐之后的精神世界，以及与自然景物浑然契合的那种悠然自得的神态。

九月至十月

中文名：菊花

别　名：菊、白茶菊、亳菊、茶菊、滁菊、甘菊花、杭菊、怀菊花、黄甘菊、女华、鞠

学　名：*Chrysanthemum morifolium* Ramat.

科：菊科

属：菊属

扩展阅读

菊花是原产我国的多年生草本花卉，花多集中在农历的九月开放，为九月的节气花，中国人也有重阳节赏菊和饮菊花酒的习俗。菊花是中国十大名花之一，花中四君子（梅、兰、竹、菊）之一，也是世界四大切花（菊花、月季、康乃馨、唐菖蒲）之一，产量居首。

菊花在中国的栽培历史长达3000年以上，《周官》《埠雅》《诗经》和《离骚》中，均可以找到菊花的记载。由于菊花不但具有丰富各异的色彩，或白之素洁，或黄而雅淡，或红或紫，沉稳而浑厚，还由于它的头状花序的奇特姿态，或飘若浮云，或矫若惊龙，所以我国的历代诗人们，常以菊花为题咏。我国的菊花栽培事业发达，清朝《广群芳谱》所记载的菊花品种就有300~400种，至现今已拥有1000余个菊花品种，菊花已成为所有花卉中品种最多的一种。作为菊花故乡的我国，由于历史上的国际文化交流，也把这一名贵花卉相继传到了国外。我国的菊花在唐宋时代经朝鲜传到日本，十七世纪传到欧洲，然后再传到美洲，今天已成为世界的名卉了。

相关诗词

《菊花》【明】唐寅、《菊花》【唐】元稹

人物袖子上纹的是菊花的纹样，
菊花纹是传统寓意纹样之一。

呼应“采菊东篱下”的诗句，
人物手中所持的便是黄菊花。

在“飞鸟相与还”一句中，添
加鸟类元素作点缀。

人物裙摆上的形状是菊
花的叶子，叶子散乱排
布在衣裙上，拥有独特
的美感。

木芙蓉

【宋】王安石

水边无数木芙蓉，露染燕脂色未浓。

正似美人初醉著，强抬青镜欲妆慵。

诗词赏析

这是一首拟人咏物的七言绝句，诗中作者将木芙蓉比喻成一个醉酒的美人，将木芙蓉花的神态表现得活灵活现，可谓是鬼斧神工。全诗意思如下：在清澈的池水边生长着许多木芙蓉花，秋露滋养着花瓣，好像给花朵涂上了一层薄薄的胭脂。花朵看起来就像一个微醺的少女般，正拿着铜镜摇摇晃晃地想要上妆。作者将木芙蓉边上的一汪池水比作镜子，此处的『正似美人初醉著』让读者感到不仅是花醉了，赏花的人也醉了。尾联刻画出一位微醉美人慵懒娇弱的神态。诗人通过描写木芙蓉花抒发出自己向往幸福安定的情感。

十月至冬月

中文名：木芙蓉

别　名：芙蓉花、三变花、酒醉芙蓉、拒霜花、山芙蓉、旱芙蓉

学　名：*Hibiscus mutabilis* L.

科：锦葵科

属：木槿属

扩展阅读

木芙蓉是原产我国湖南地区的一种落叶小乔木，因其花或白或粉或赤，皎若芙蓉出水，艳似菡萏展瓣，故有“芙蓉花”之称；又因其生于陆地，为木本植物，也称“木芙蓉”。木芙蓉开的花从早晨开放时的白色，随着时间的变化逐渐变为浅红色至粉红色，一日三变，故又名“三变花”或“酒醉芙蓉”。木芙蓉花晚秋始开，霜侵露凌却丰姿艳丽，占尽深秋风情，因而又名“拒霜花”。芙蓉花开时节正值农历深秋十月，也是十月的节气花。木芙蓉虽生在岸，亦喜临水，多种植在池湖岸边，得水则容颜益媚，与水中倒影相得益彰，尽显“照水芙蓉”之美。有些木芙蓉花的花瓣一半为银白色，一半为粉红色或紫色，人们把这种木芙蓉花叫做“鸳鸯芙蓉”。

栽培木芙蓉最为著名的是湖南和四川。据资料记载，自唐代始湖南湘江一带便广种木芙蓉，唐末诗人谭用之赋诗曰：“秋风万里芙蓉国”。从此，湖湘大地便享有了“芙蓉国”之雅称。五代后蜀皇帝孟昶为讨“花蕊夫人”欢心，颁发诏令在成都城头尽种芙蓉，待到来年深秋花开时节，成都就“四十里如锦绣”，从此有了“锦城”之称，成都自此也有“芙蓉城”的美称。

相关诗词

《湘岸移木芙蓉植龙兴精舍》【唐】柳宗元

人物设计与诗中美人喝醉酒的模样一般脸颊微红，眼神迷离。

裙摆边摆放了酒瓶，酒杯倾倒，美酒洒出。

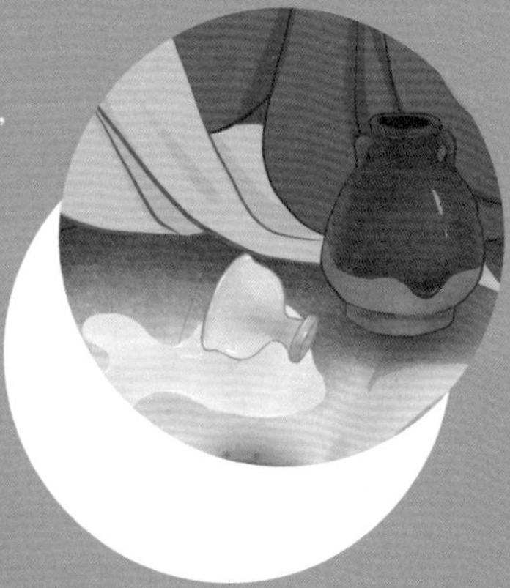

人物手中拿着铜镜和上妆的样子正如诗中所描述的一般。

头顶和背景都用木芙蓉花装饰着。

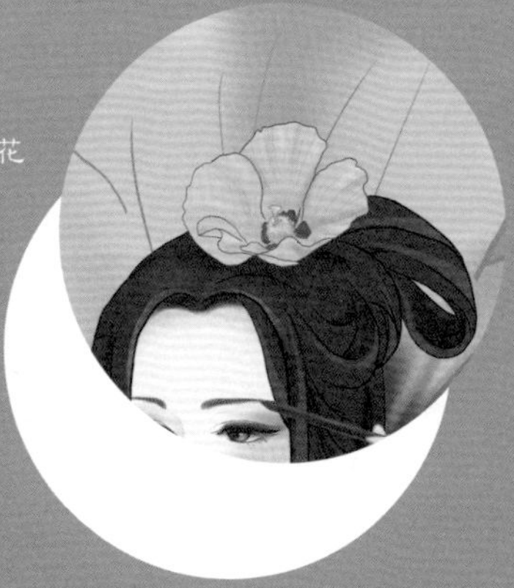

蜡梅
水仙花

冬

一年之终也，云野静寂矣。

雪落无声草木衰，静中淡有梅香来。

山茶映雪清更甚，水仙寂寂开窗台。

腊月至翌年正月

王充道送水仙花五十枝欣然会心为之作咏

【宋】黄庭坚

凌波仙子生尘袜，水上轻盈步微月。
是谁招此断肠魂？种作寒花寄愁绝。
含香体素欲倾城，山矾是弟梅是兄。
坐对真成被花恼，出门一笑大江横。

诗词赏析

这是一首七言律诗，王充道送来的这五十株水仙花好似曹植笔下的洛神般惊艳绝俗。黄庭坚将水仙拟作洛神，一扫前人咏物诗中摹形画状的陈规，直接继承了韩愈遒劲的艺术风格，不带有一点柔靡纤细的气息。全诗意思如下：凌波仙子穿着沾了细尘的罗袜，在朦胧的月色下轻盈地于水面上漫步。究竟是谁招来了这茉莉花魂，种植成了寒花来寄托她的深深愁思呢？她那蕴含着幽香的素雅体态，真叫人为之倾倒啊！山矾是她的弟弟，梅花是她的兄长。面对这美丽的花，可真被她撩乱了情怀。我欣然一笑走出门去，忽见大江横在面前！

中文名： 水仙花

别　名： 雅蒜、天葱、金盏银台、俪兰、玉玲珑、雪中花、凌波仙子、凌小仙子、中国水仙

学　名： *Narcissus tazetta* var. *chinensis* Roem.

科： 石蒜科

属： 水仙属

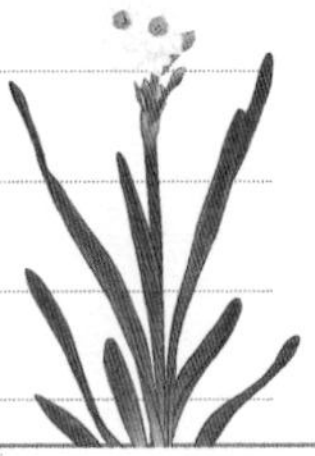

扩展阅读

水仙花是唐朝时期从欧洲经丝绸之路传入中国进行栽培的一种多年生草本花卉。水仙花与中国原产的石蒜相似，地下有一个储存营养的鳞茎，在农历的冬月抽薹开花，多用作水培放在室内，所以是中国传统文化中冬月的节气花，谓之“冬月水仙案头供”。因为水仙花的地下鳞茎生得颇像大蒜、洋葱，故又称“雅蒜”或“天葱”。之后，水仙花也被称作花中三十客之“雅客”。人们还根据不同的角度给水仙花取了不少巧妙、美丽的名字，如“金盏银台”“俪兰”“玉玲珑”“雪中花”，等等。

水仙的香味浓厚，置于室内，满屋飘香，其气质常被文人们用来和梅花并列，一清一寒，都似仙客。

水仙花是草本花卉中少有的可雕刻的珍品，经雕刻师的巧手雕刻、水养，可塑造成各式各样、千姿百态的水仙花盆景，集奇、特、巧、妙、雅于一身，堪称百花园中的奇葩，或许正因如此特质，方才被列入中国十大传统名花。

相关诗词

《水仙》【宋】姜特立、《水仙花四首》【宋】杨万里

人物踮脚漫步，像洛神行走于水面一般轻盈。

水仙像是洛神托生在了植物上，她的愁怨也如同水仙般散发于外。

人物的裙色如同水仙花的副冠一般嫩黄。

裙子四周的飘带像是水仙花的叶子一样细长。

手记 公元

冬月至腊月

和豫章公黄梅二首

【宋】陈师道

色轻花更艳，体弱香自永。
玉质金作裳，山明风弄影。

诗词赏析

这是一首五言绝句。此诗的作者陈师道一生安贫乐道，闭门苦吟。他对于花卉具有先天的敏感，这种敏感体现在了他所作的诗中。他所描写的花卉意向有一个共同点，那就是不与世俗同流合污。他将自己洁身自好、内心自守的情感态度和价值观寄托在了花上。全诗意思如下：轻盈蜜黄的蜡梅花儿，绽放得这般娇艳。纤弱盈盈的花朵散发着经久不衰的浓郁芳香。玉质般的花瓣雕镂成金纱衣，怒放得清雅高洁，飘溢得馨香馥郁，在山风拂动中，凝铸成了蜡梅魂，婀娜的倩影曼妙起舞。整首诗将蜡梅花描绘成一位温柔似水、身披金裳的仙子。读者仿佛从诗中就能看到蜡梅仙子翩翩起舞的身姿。

中文名：蜡梅

别　名：黄梅花、腊梅、大叶蜡梅、黄金茶、素心蜡梅、雪里花

学　名：*Chimonanthus praecox* (L.) Link

科：蜡梅科

属：蜡梅属

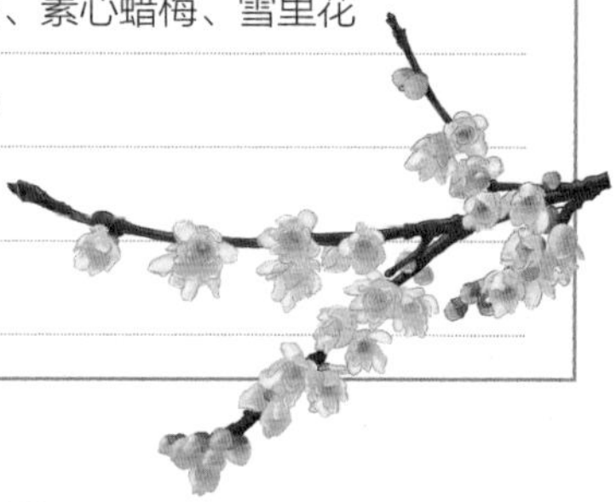

扩展阅读

蜡梅是原产中国的著名观赏花卉，因花色晶黄似蜜蜡，又与传统的梅的开花时节大体相当，香味也接近，故称“蜡梅”，也叫“黄梅花”。后来，因为“蜡月”逐渐地改用成“腊月”，蜡梅也刚好在腊月开花，所以多有用作腊梅的，也就多了“腊梅”的别名。在多数地方，蜡梅也作为腊月的节气花。

蜡梅属蜡梅科，落叶灌木，与花色艳丽的蔷薇科梅花本来差异很大，但由于它们相继在寒冬腊月或早春时节开花，所以常在一些文学作品中混淆使用。古人写蜡梅时意象也多和梅花相类，赞扬她不畏严寒的品质和高洁的精神气概，有“知访寒梅过野塘”的名句。《姚氏残语》又称蜡梅为“寒客”。蜡梅花开春节前，为百花之先，特别是花大耐寒品种虎蹄梅，农历十月即绽放，故人称“早梅”。

蜡梅芳香美丽，耐阴、较耐寒、耐旱，有“旱不死的蜡梅”之说，常用于庭院栽植，又适作古桩盆景以及插花造型艺术，是冬季赏花的理想名贵花木。大概是因为其花开的样子太深入人心，在春夏时，人们常会认不出那些绿意葱茏、挂着小果的蜡梅树。

相关诗词

《蜡梅》【宋】高荷、《蜡梅》【宋】杨万里、《蜡梅》【宋】尤袤

人物身着的服色与蜡梅花的固有色相同。

人物表情含蓄委婉、思想深沉，与诗中所描写的呼应。

披帛颜色为绿色，是因为蜡梅花先花后叶。

人物身后的屏风好像朦胧的山林景色，与诗中所描意境呼应。

红茶花

【唐】司空图

景物诗人见即夸，岂怜高韵说红茶。
牡丹枉用三春力，开得方知不是花。

诗词赏析

该诗是一首七言绝句。全诗没有对山茶花进行正面的描写和夸赞，而是通过反衬、对比的手法凸显山茶的美。作者运用世人皆捧颂的牡丹反衬出山茶花的高雅风韵。前两句意思如下：一般见到景物就夸赞的诗人，看到高雅韵味兼具的红色山茶就不展露怜爱之情了。首联和颔联表现出红茶花遭遇一般人的冷遇。之后话锋一转：这国色天香的牡丹费劲了三春之力开放的花朵算是枉费了，因为与山茶花相比，牡丹花便算不得花了。后两句作者将喜爱山茶的情感升华到极点，动人心弦。

作者晚年归隐山林，过着隐居自在的生活，对世人皆重牡丹的偏见持批判态度。此诗眼光独到，也表现了作者内心的取舍。

腊月至翌年正月

中文名： 山茶

别　名： 茶花、红山茶、耐冬、晚山茶、石榴茶

学　名： *Camellia japonica* L.

科： 山茶科

属： 山茶属

扩展阅读

山茶，因植株整体形态与叶片供饮用的茶树相似且多分布在山区而得名，也称茶花。人们常说的“山茶花”包含山茶属内多种供栽培观赏的原生植物种类以及栽培选育的众多园艺品种。

山茶属于木本花卉，植株形态优美，冬季常绿，颜色有不同程度的红、紫、白、黄各色以及彩色斑纹的混合杂色，花瓣型上有单瓣、半重瓣、重瓣、曲瓣、五星瓣、六角形、松壳形等不同品类，所以自古以来便受到人们的青睐。早在1700多年前的三国时期，山茶已被人们引种栽培。

山茶在花卉贫乏的冬季绽放，此时大多为中国农历新年的正月，所以被列作了节气花中的“正月花”。山茶因不畏严寒，盛花时间长，受到人们的珍视，在民间被称为木本花卉的皇后，也被封为“十二花友”之一，在十大传统名花中列为第七位。所以，山茶也常成为文人墨客歌咏的对象。

山茶主要产于我国南方地区，在长江流域、珠江流域以及中国台湾有较多的野生种类分布，栽培品种也可室外过冬。

相关诗词

《山茶》【宋】陆游、《山茶》【清】刘灏、
《和子由柳湖久涸，忽有水，开元寺山茶旧无花，今岁盛开二首》【宋】苏轼、
《山茶花》【宋】曾巩、《红山茶》【明】沈周、《山茶花》【明】担当和尚

人物手中怀抱山茶，人花相映生辉。

人物头顶装饰着山茶。

人物衣裙整体为红色，符合红山茶的固有色。

参考文献

曹雪芹. 红楼梦原著版（套装上下册）[M]. 北京: 人民文学出版社, 2008.
陈安冉, 丁明君, 王保根. 梅花饮食文化探究[J]. 中国园林, 2020, 36(S1): 33-35.
程建国, 李敏莲, 杜正科. 我国兰花栽培的历史、现状及发展前景[J]. 西北林学院学报, 2002(04): 29-32+40.
戴层霖, 马清原. 月季、蔷薇和玫瑰[J]. 我爱学(创意美术与手工), 2020(07): 8-11.
傅俊杰, 徐亮. 中国传统园林中荼蘼造景历史与审美文化[J]. 中国城市林业, 2020, 18(03): 116-119.
付玲, 冉启国. 桂花树及其文化意蕴概述[J]. 生物学教学, 2017, 42 (05) : 65-66.
杭悦宇. 植物文化——中国民俗节日的灵魂[J]. 生命世界, 2008 (09) : 10-13.
何天宝. 牵牛花[J]. 山西老年, 2020(11): 37.
侯帅. 浅析《茉莉花》起源及文化艺术表达[J]. 汉字文化, 2020(22): 178-179.
李瑾, 黄毅. 芙蓉天府最相宜——芙蓉花与天府文化探析[J]. 现代艺术, 2020(05): 114-119.
李仁娜, 李艳, 杨群力, 等. 中国菊花文化探析[J]. 绿色科科技, 2018(07): 18-21.
[明]李时珍. 本草纲目（金陵版排印本）[M]. 王育杰, 整理. 北京: 人民卫生出版社, 2004.
李万英. 我国桃花的栽培历史[J]. 花卉, 2015(03): 27-28.
两点十分动漫. 藏魂——历史文物人形图鉴[M]. 林茶以，秋也于绘. 南京: 江苏凤凰美术出版社, 2018.
刘敏. 观赏植物种名文化[M]. 北京: 中国林业出版社, 2019.
刘权, 刘华, 王明昌. 我国南方杏栽培历史问题的讨论[J]. 果树科学, 1998(01): 74-77.
刘宗迪. 西风重九菊花天 重阳节的习俗与文化[J]. 紫禁城, 2019(10): 13+12.
蔓玫, Starember, 木美人. 木神令——野有蔓草言相思[M]. 北京: 人民邮电出版社, 2019.
漫友文化. 植物美男图鉴[M]. 哈尔滨: 黑龙江美术出版社, 2015.
毛民, 榴花西来——丝绸之路上的植物[M]. 北京: 人民美术出版社, 2005.
缪士毅. 情趣盎然牵牛花[J]. 花卉, 2018(11): 49.
名动漫. 游戏动漫人物造型专业手绘技法 · 古风篇[M]. 北京: 人民邮电出版社, 2018.
欧阳巧林. 中西方节日中的植物花卉民俗文化[J]. 武汉纺织大学学报, 2013, 26(05): 88-91.
潘富俊, 草木缘情——中国古典文学中的植物世界[M]. 上海: 商务印书馆, 2016.
潘富俊, 楚辞植物图鉴[M]. 上海: 上海书店出版社, 2003.
潘富俊, 诗经植物图鉴[M]. 上海: 上海书店出版社, 2003.
潘富俊, 唐诗植物图鉴[M]. 上海: 上海书店出版社, 2003.
尚漫. 古乐风华录——凤语琴歌[M]. 北京: 人民邮电出版社, 2018.
尚漫. 木神令——草木君子花美人[M]. 北京: 人民邮电出版社, 2018.
深圳一石. 美人如诗草木如织——《诗经》里的植物[M]. 天津: 天津教育出版社, 2007.
石云涛. 汉唐时期石榴审美与实用价值的认知[J]. 人文丛刊, 2017(00): 289-298.
舒迎澜, 夏奇梅. 古代瑞香的育种与栽培[J]. 园林, 2005(09): 39.
舒迎澜. 莲的栽培史略[J]. 中国农史, 1988(01): 89-96.
苏宁. 兰花历史与文化研究[D]. 北京: 中国林业科学研究院, 2014.
苏咏农. 杜鹃花文化[J]. 农家致富, 2018(20): 64.
苏咏农. 海棠文化[J]. 农家致富, 2018(23): 64.
苏咏农. 蜡梅文化[J]. 农家致富, 2018(24): 64.
苏咏农. 山茶花文化[J]. 农家致富, 2018(21): 64.
苏咏农. 中国水仙花文化[J]. 农家致富, 2019(04): 64.
隋云鹏. 莲与中华文化[N]. 中国文化报, 2020-10-21(003).
随随. 古风插画板绘技法100问精讲[M]. 北京: 人民邮电出版社, 2019.
[宋]唐慎薇. 证类本草[M]. 郭君双等, 校注. 北京: 中国医药科技出版社, 2011.
陶今雁, 唐诗三百首[M]. 南昌: 江西人民出版社、知识出版社, 2020.
汪瑶. 中国桂文化的生态美学研究[D]. 南京: 南京林业大学, 2018.
王瑾. 月季品种的资源利用与开发现状调查[J]. 花卉, 2019(20): 16-17.
王贞虎. 月下美人——昙花[J]. 新疆林业, 2020(02): 36-37.
魏巍. 中国牡丹文化的综合研究[D]. 开封: 河南大学, 2009.
闻铭. 中国花文化辞典[M]. 安徽: 黄山书社, 2000.
邬庆丰. 说梅花咏梅花[J]. 新疆技术监督, 2000(07): 45.
吴丽娟. 月季花文化研究[D]. 北京: 中国林业科学研究院, 2014.
梧桐. “一带一路”上的国花文化——菲律宾 · 茉莉花[J]. 天天爱科学, 2020(09): 2-7.
晓晨. 浅谈我国花茶的起源和发展[J]. 农业考古, 1992(02): 41
小乘室工作室, 米朱弗玄, 寂山有饮,等. 唯美古风线稿涂色绘[M]. 北京:人民邮电出版社, 2017.
[汉]许慎. 说文解字[M]. 北京: 中华书局, 2015.
曾欣, 马进. 樱花的本土文化内涵及美景营造[J]. 绿色科技, 2019(21): 23-26.
张爱玲. 红楼梦魇[M]. 北京: 十月文艺出版社, 2019.
张娴. 群芳谱里说紫薇[J]. 当代矿工, 2019(02): 62.
章秋平. 杏的栽培历史、文化与传播[J]. 北方果树, 2020(06): 1-4+8.
指尖糖. 露华——指尖糖古风画集[M]. 哈尔滨: 黑龙江美术出版社, 2018.
中国科学院植物研究所系统与进化植物学国家重点实验室. Flora of China [DB/OL]. http://foc.eflora.cn/.
中国科学院中国植物志编辑委员会. 中国植物志[M]. 北京: 科学出版社, 1985.
周啸天, 元明清诗歌鉴赏辞典[M]. 上海: 商务印书馆国际有限公司，2011.